专家委员会（按姓氏笔画排序）

邢　继 | 中核集团"华龙一号"核电站总设计师

吴希明 | 航空工业旋翼飞行器首席设计专家　直－10、直－19武装直升机总设计师

张履谦 | 中国工程院院士　雷达与空间电子技术专家

孟祥飞 | 国家超级计算天津中心应用研发部部长

钟　山 | 中国工程院院士　制导系统工程专家

樊锦诗 | 敦煌研究院名誉院长

用"强国课堂"讲好中国故事

《我们中国了不起》是 2019 年"强国课堂"第一季视频课程结集出版的图书。

当时，中国青年报社正在全面推进全媒体融合改革，提出"强国一代有我在，建功立业有作为"，提倡打造"视觉锤"，推出了一系列具有影响力的全媒体作品，包括微电影、微纪录片、MV、系列网课等，"强国课堂"便是"强国系列"精品内容之一。

习近平总书记反复强调文化自信，党的十九届五中全会审议通过的《中共中央关于制定国民经济和社会发展第十四个五年规划和二〇三五年远景目标的建议》，明确提出到 2035 年建成文化强国的远景目标，并强调在"十四五"时期推进社会主义文化强国建设，明确提出"推进媒体深度融合，实施全媒体传播工程，做强新型主流媒体"。

中国青年报社作为中央主流大报、团中央机关报，始终把向青少年讲好中华文化故事作为我们的重要职责。

"强国课堂"让"大先生"讲"小故事"，为文化强国建设助力。我们邀请的 30 位"大先生"包括两院院士、文化名家、大国工匠、一线科研人员等等，例如敦煌研究院名誉院长、被称为"敦煌女儿"的樊锦诗，中国工程院院士张履谦，港珠澳大桥岛隧工程项目总工程师林鸣，直-10、直-19 武装直升机总设计师吴希明，中核集团"华龙一号"总设计师邢继……这些精品内容得到了中宣部"学习强国"App、团中央官微、国资委新闻中心官网、人民网、新华网等重要平台的推介，第一季仅在"学习强国"的点赞量就达 67.66 万，播放量超 5000 万。

这个视频小课堂经过中信出版社的精品再造，结集为《我们中国了不起：超厉害的科学力量》《我们中国了不起：上天入地的高科技》《我们中国了不起：这就是中国精神》三本图文并茂的科普读物。在这一系列图书中，视频内容经过细致的整理和补充，以全新面貌出现在读者面前。这些"大先生"，以科学严谨的态度，将前沿的科技知识娓娓道来；以平易近人的姿态，将人生的经验细细传授。在跟随"大先生"一起探索了不起的中国力量的过程中，相信我们的小读者能够收获满满的科学知识，拓宽自己的科技和人文视野，树立崇高的理想。

正是"内容"的力量可以让我们两家文化单位以"内容"为媒，践行党的十九大提出的"深入挖掘中华优秀传统文化蕴含的思想观念、人文精神、道德规范，结合时代要求继承创新，让中华文化展现出永久魅力和时代风采"。

我们中国了不起

这就是中国精神

文化名家、科学家讲给小朋友的
人文力量和科学故事

中国青年报社 学而思网校 编著

高星 张娴 绘

中信出版集团｜北京

图书在版编目（CIP）数据

我们中国了不起. 这就是中国精神 / 中国青年报社,
学而思网校编著；高星, 张娴绘. -- 北京：中信出版
社, 2021.6
　　ISBN 978-7-5217-2986-3

Ⅰ. ①我… Ⅱ. ①中… ②学… ③高… ④张… Ⅲ.
①科学技术－中国－青少年读物 Ⅳ. ①N12-49

中国版本图书馆CIP数据核字(2021)第051490号

我们中国了不起：这就是中国精神

编 著 者：中国青年报社　学而思网校
绘　　者：高星　张娴
出版发行：中信出版集团股份有限公司
　　　　　（北京市朝阳区惠新东街甲4号富盛大厦2座　邮编　100029）
承 印 者：北京中科印刷有限公司

开　　本：787mm×1092mm　1/16　　印　　张：6.5　　　　字　　数：150千字
版　　次：2021年6月第1版　　　　印　　次：2021年6月第1次印刷
书　　号：ISBN 978-7-5217-2986-3
定　　价：28.00元

出　　品：中信儿童书店
图书策划：中国青年报社　学而思网校　知学园
特约策划：毛浩　张邦鑫
特约技术：刘庆逊　南山　王翠虹　刘硕　贾丽华　邹赞　姚燕妮
策划编辑：鲍芳　于淼　温慧　　　责任编辑：鲍芳　　　营销编辑：张超　李雅希　王姜玉珏
文字编辑：韩笑　　　　　　　　　特约编辑：张媛媛　　　封面绘制：庞旺财
封面设计：姜婷　　　　　　　　　内文排版：谢佳静　王莹

"强国课堂"的观众是青少年，他们被称为"Z世代"。全球"Z世代"青少年有26亿，他们数字化生存、知识结构多元、价值观多元、关注多元，要影响他们，我们就要找到代际之间人性的共通点，和他们走在同一条道路上，做到让文化多样性同频共振，打造"面向现代化、面向世界、面向未来"和"民族的、科学的、大众的"与时俱进的"内容"产品。

　　在全媒体改革进程中，报社上下锐意进取、勠力同心，致力于将"强国课堂"打造成孩子们看得懂、学得会、用得上的科普类视频作品。要把内容做好，需要做大量的资料收集和研究工作，前期团队多次沟通协调，寻找喜闻乐见的主题；多次头脑风暴，探索寓教于乐的呈现方式。节目创造了报社历史上数个第一：第一档以"强国"为主题的青少年素质课程；第一档"大先生"讲"小故事"的科普视频节目；第一个实现视频节目向图书转化的全媒体产品……

　　中青报人都有一种情怀——家国情怀。几年前，一位专家针对一千多名中小学生做了"长大最喜欢从事的职业"调查，其中排名第一的是企业家，其次是歌星影星，科学家、工人、农民位列倒数……这个项目的发起人贾丽华告诉我，"强国课堂"项目源于一个朴素的想法：让全社会尊重科学、尊重文化、尊重知识，就必须从娃娃抓起，请这些看似遥不可及的"大先生"为青少年讲课，让孩子们从小种下爱科学、重文化的种子。

　　众人拾柴火焰高，我们诚挚感谢首届联合出品单位：国务院国资委新闻中心、团中央青年志愿者行动指导中心。感谢第二季联合出品单位：中国运载火箭技术研究院、中国空间技术研究院、我们的太空新媒体中心。感谢第三季联合出品单位：中宣部宣传舆情研究中心。还要特别感谢合作伙伴学而思网校，和我们共同策划和推进"强国课堂"迭代创新。

　　感谢报社同事们为此项目付出的努力，他们是：乔建宾、王毅旭、李丽、王俊秀、崔丽、潘攀、邹赞、姚燕妮、黄毅、何欣、陈垠杉、杨璐、姜继葆……

　　我们希望通过"强国课堂"传递报国信念，培养青少年的科学意识，赋予他们前行的力量，助力"强国一代"健康成长！

中国青年报社总编辑　毛浩

2021年3月

见贤思齐，受益一生

孩子是天生的"观察者"和"好奇者"。

当翻看书本时，他们想穿越漫漫黄沙，看看莫高窟是如何保存至今的；当抬头看天时，他们的思绪早已飞到了直升机的螺旋桨上；当眺望大海时，他们好奇海上的超级大桥是怎么建起来的；当仰望夜空时，他们好奇无垠的宇宙中是不是存在外星文明……

这就是孩子眼中的世界，新鲜、有趣、充满可能。每当他们问出一个"为什么""怎么样""是不是"，都是在迈出探索世界的脚步。他们接触的人、看到的影像、阅读的书籍，都将深深影响他们对世界的认知。

如何保护好孩子的好奇心，陪伴他们探索世界，更好地唤醒和启发他们？这是18年来，数万好未来人共同思考的问题。

人的成长是一个非常复杂的过程。"教育"两个字，一半是"教书"，一半是"育人"。作为教育机构，好未来要做的不仅是传授知识，更是要好好"育人"，从品格、思维、习惯上真正帮助到孩子。

结合孩子"观察者"和"好奇者"的特性，如果能邀请到孩子们关注的事物的设计者、建造者、亲历者，分享他们的亲身经历，亲自解答孩子的每一个"为什么""怎么样""是不是"，对孩子来说是极为珍贵的成长机会。

2019年，我们联合中国青年报社等单位，推出了针对青少年的首个"强国"主题的公益在线素质课程"强国课堂"，邀请樊锦诗、林鸣、吴希明等数十位各行业领域的领军人物和翘楚，分享自己的知识和经历，给孩子们答疑解惑，也让孩子们看到更多榜样的力量。

现在，基于"强国课堂"这一在线课程，《我们中国了不起》也与小读者见面了。这套图书共三册，通过精心编排，将视频课变成了深入浅出又趣味盎然的科普读物。在这一系列图书中，前沿的科学知识、有趣的科学故事、大师的殷殷期盼都得到了精妙的呈现。

虽然是给孩子的课程和书籍，但我也看得津津有味。在这些"大先生"娓娓道来的"小故事"中，既有知识的链接与贯通，更有坚定的理想、实干报国的精神和身体力行的真实故事，带给孩子强大的感召力，让孩子拥有筑梦现实的决心与能力，也带给我很多触动。

在《我们中国了不起：超厉害的中国力量》一册中，港珠澳大桥岛隧工程项目总工程师林鸣为我们解开了超级跨海大桥的秘密，告诉我们："人生的每一个工程，每一个机会，不管大小，都要用心去做。要相信，天道酬勤。"

在《我们中国了不起：上天入地的高科技》一册中，直-10、直-19武装直升机总设计师吴希明带领我们多角度了解直升机，身体力行地告诉每个孩子，当热爱和梦想终于成为一生的事业时，它将产生巨大的能量，不仅事业有所成就，更会收获人生幸福。

在《我们中国了不起：这就是中国精神》一册中，"敦煌女儿"樊锦诗将敦煌的故事娓娓道来，"我一生只做了一件事，那就是守护和研究世界文化遗产——敦煌莫高窟"，让我们看到梦想的光芒和坚持的力量。

在一个个故事中，我仿佛回到了自己的学生时代。

我上初中的时候，听到老师讲"见贤思齐"时，很是震撼。能够向贤能人士学习是一件多么美好的事，这让我跳出了对学习的原有认知——不仅要向书本学习，还要向一切人学习。向书本学习是学习知识，向一切人学习是学会做人。如今，"强国课堂"和《我们中国了不起》的成功落地，正是"见贤思齐"的圆满呈现。

在18年来的教学与实践中，我们越来越认识到，老师与孩子之间的交流，不仅是知识层面的流动，更多的是人和人之间情感的交流。老师最大程度地开拓孩子的视野，让孩子拥有对自己的信心，坚定孩子对未来的信念，一定会比某个知识点更让孩子受益一生。

时代变化，科技日新，教育理念也在与时俱进，但有些初心是不变的，比如"激发兴趣、培养习惯、塑造品格"的教育理念，"爱和科技让教育更美好"的教育使命。好未来希望做到的，不仅是教给孩子知识，更要培养让孩子受益一生的能力。

站在此时，眺望未来，好未来将继续用爱让教育变得有温度，用最先进的理念和技术推动教育进步；希望能让每一个孩子享有公平而有质量的教育，并由此出发实现自己的人生梦想；更希望中国的未来也由此出发，个人的选择与国家的梦想有着一致的方向就是中国梦的能量所在。

期待每一位读者朋友都能从本书获得启发，见贤思齐，受益一生。

好未来创始人兼 CEO　张邦鑫
2021 年 3 月

目录

与当代中国
了不起的超级总工程师、
两院院士、知名教授相遇

聆听他们的
科学见解和人生故事

一起探索未知
收获自信，树立理想

敦煌研究院名誉院长樊锦诗

大漠中的璀璨明珠——敦煌莫高窟

敦煌莫高窟以璀璨耀眼、博大精深、兼收并蓄的壁画、彩塑，以及1900年在莫高窟发现的藏经洞典籍而闻名于世。有人说它是东方的"卢浮宫"，有人说它是千年的形象佛教史，也有人说它是"沙漠中的美术馆"，是"墙壁上的博物馆"，还有人说它是一座古代社会、宗教、文化、艺术的图书馆。总之，莫高窟及其藏经洞是中华民族优秀传统文化艺术的杰出代表乃至世界文化艺术的绝世瑰宝。1987年，联合国教科文组织世界遗产委员会审议认定莫高窟符合世界文化遗产的全部六类标准，批准其列入《世界遗产名录》，指出"其具有特殊的和全球性的价值"。

【小问号】

什么是石窟？

中国有哪些著名石窟呢？

在河畔山崖开凿的古代佛教寺庙简称石窟，或称石窟寺。它是修行者修行、供佛和起居的场所。中国现共有石窟寺（含摩崖造像）5198处，其中国家级石窟寺142处。特别著名的石窟寺，除了甘肃敦煌莫高窟，还有山西大同云冈石窟、河南洛阳龙门石窟、甘肃天水麦积山石窟、河北邯郸南响堂山石窟和北响堂山石窟、新疆拜城克孜尔石窟、重庆大足石窟、云南剑川石钟山石窟等。其中莫高窟、云冈石窟、龙门石窟和麦积山石窟，并称为中国"四大石窟"。

敦煌莫高窟坐落在甘肃省敦煌市东南25千米处，鸣沙山东麓的断崖上。它为什么会出现在这个地方？它有着怎样的故事呢？

许多学者曾说过，古代的敦煌就相当于现代的广州、上海、香港。这是因为，张骞通西域后，甘肃西部的河西走廊成为中国通向欧亚大陆的主要干道。此干道西端的敦煌是控扼中国和西域往来的"西大门"。史书称敦煌是丝绸之路上的一个"咽喉之地"。因此，敦煌既是东西方贸易的中转站，也是宗教、文化和知识的交汇处。莫高窟便是公元4—14世纪中西文化在丝绸之路的枢纽——敦煌交融荟萃的结晶。

甘肃兰州以西到敦煌有一条地理上的天然走廊，因在黄河以西，所以称河西走廊。敦煌位于河西走廊的最西端。它的西面是与新疆塔克拉玛干大沙漠相接的库姆塔格沙漠，北面是北山和戈壁，南枕祁连山脉。祁连山脉的冰雪融化形成了许多河流，其中一条小河流经莫高窟前面，名叫宕泉河，宕泉河的东面是三危山，西面是鸣沙山。莫高窟因前面的这条宕泉河，形成了一片小绿洲，成为宜于生活和修行的理想之地。

根据唐朝的一篇碑文记载，公元 366 年的一天，有个名叫乐僔的和尚，从中原云游到敦煌鸣沙山东麓，忽见东面三危山上万道金光，金光中好像有千佛化现，他认为这是佛在感召，所到之地一定是个修行的好地方，于是就在鸣沙山东麓的崖壁上，开凿了莫高窟第一个石窟。不久，又有一个名叫法良的和尚来到这里，在乐僔石窟的旁边，又开凿了一个石窟。莫高窟的营建始于两个和尚，此后，开窟、塑像、绘画的佛事活动延续千年之久，逐渐形成了如今规模的莫高窟。

莫高窟始建于十六国时期，元代以后才停止了开窟。经过 10 个朝代的不断营建，才造就了现今的佛教艺术圣地。莫高窟内有什么呢？它的规模到底有多大呢？

现在人们在莫高窟看到的，是 1700 多米长的断崖上布满了蜂窝似的洞窟的景象。迄今莫高窟保存了十六国、北魏、西魏、北周、隋代、唐代、五代、宋代、西夏、元代共 **10 个朝代**营建的 **735** 个洞窟，窟内存有 **45000** 余平方米壁画以及 **2000** 多身彩塑。此外，藏经洞还出土了 **50000** 多件艺术品和文献。莫高窟是至今保存最完整、绵延时间最久、规模最宏大、内容最丰富、艺术最为精湛的佛教石窟寺。

莫高窟是洞窟建筑与彩塑、壁画组成的综合艺术。洞窟建筑因功能不同而采用不同形制，有禅窟、中心塔柱窟、殿堂窟、佛坛窟等。彩塑有佛、菩萨、弟子、天王、力士像等。壁画绘有佛教众神祇，如供奉佛的轻盈飘逸、体态优美的飞天；有佛祖释迦牟尼以及佛教传说和佛教圣地的各种故事画；有表现宏伟壮丽佛国世界的经变画；有出资修窟造像的供养人画像；有精美富丽的装饰图案；有反映古代社会生活和风情民俗的画。这些都是我国多民族文化艺术和中西多元文化艺术不断地在莫高窟交融的结果。

开放包容、兼容并蓄的千年敦煌莫高窟，没有停止过吸纳消化国内多民族文化和外来的多元文明，也没有停止过自身持续地创新发展，丰富自己的佛教艺术。积淀千年，莫高窟创出了自成特点、自成脉络、自成体系、具有中国风格和中国气派的独特的佛教艺术。

敦煌莫高窟被誉为"沙漠中的美术馆"，其众多的洞窟建筑、彩塑和壁画，同其他门类的艺术一起构成了深厚博大的敦煌艺术宝库，充分展示了莫高窟及其藏经洞文物无穷无尽的艺术价值。那么，莫高窟的艺术为什么能够吸引世界的目光呢？

洞窟建筑、彩塑和壁画无疑属于**美术艺术**，藏经洞出土的2000余件绢画、刺绣、麻布画、纸画，数万件写本书法也当属美术艺术。壁画艺术又可分为不同题材，如宗教画、人物画、山水画、花鸟画、动物画、图案画等。深入分析上述历经千年的美术作品，因时代不同、画家不同、雕塑家不同，又产生了许多不同的风格特征。

藏经洞出土的宗教典籍和古代文献大都是写本。大量的写本保存了古代真书、草书、隶书、篆书等各种书体的**书法艺术**，并保存了著名书法家的不同书法风格。藏经洞保存的佛教经典写本的数量最多，这些佛经的写本多是名不见经传的写经生所写，形成了有别于其他书体的写经体，展示了不同地区、不同风格的民间书法艺术。

除美术、书法艺术，还有其他门类的艺术，如音乐、舞蹈、文学。

莫高窟几乎每个洞窟都有关于**音乐和舞蹈**的绘画。音乐在壁画中呈现为古代吹奏、打击、弹拨、拉弦等各类乐器，这些乐器有中国本土的，也有来自西域的，壁画还画有伎乐人、乐队等。除此之外，藏经洞还出土了符号型的曲谱。壁画上的舞蹈有娱佛的舞蹈、人间的世俗舞蹈和西域的民族舞蹈等。藏经洞也曾出土汉字记录的舞谱。

藏经洞出土超过3000篇（首）的**文学作品**，绝大多数是唐五代及宋初的俗文学作品，唐代以前的作品数量极少，有《诗经》《玉台新咏》《文选》等。俗文学作品有讲唱故事类作品，是把佛经内容和历史故事演化成又说又唱的通俗文词，如变文、话本、词文、讲经文、因缘故事、押座文、故事赋等；有歌辞，是用于歌唱的诗歌体作品，如敦煌曲子词、敦煌曲、俗曲、小曲、词等；有通俗诗文的诗体作品，如《敦煌廿咏》《王梵志诗》《儿郎伟》《下女夫词》等作品。莫高窟藏经洞发现了已失传千年之久的俗文学，这是中国文学史上的一件大事。从这些俗文学作品中，可以看出后来的平话、小说、宝卷、戏曲等中国俗文学的渊源，对研究中国文学史有重要意义。

作为丝绸之路上中外文明汇聚的宝库，莫高窟壁画包含了许多外来文化艺术的元素，比如来自希腊古建筑的爱奥尼亚柱式、印度的佛教支提窟（即中心塔柱窟）、西亚波斯环形联珠纹装饰图案、中亚胡旋舞等。

再扩大到人物的衣冠服饰、梳妆打扮、陈设器物等，敦煌艺术之美令人痴迷。

除了无数外在的艺术美，敦煌莫高窟艺术还蕴藏着精深的**精神内涵**。无论是敦煌学的研究者，还是来自全国和世界各地的游客，无不为莫高窟博大精深的内容和璀璨耀眼的艺术倾倒，这说明每个人都在敦煌艺术中找到了属于自己的美的感受。敦煌莫高窟艺术具有超越时空的非凡魅力，永远震撼着人们的心灵世界。

敦煌莫高窟的壁画数量巨大、内容生动、技艺精湛，那么，莫高窟中都有哪些有名的壁画呢？又有什么神奇传说呢？

莫高窟的名画不胜枚举，因篇幅有限，下面仅介绍两处广受喜爱的名画。

莫高窟第 320 窟是盛唐期间的代表窟之一，该窟南壁经变画中的飞天是莫高窟众多飞天中的精品。两对飞天相对翱翔于主尊上空的蓝天和彩云之间，每对飞天都是一身在前，一身在后，前者回首顾盼后者，扬手散花，后者双臂张开，嬉戏追逐前者，两者在互相呼应中表现出喜悦。这两对飞天姿态轻盈舒展，飘逸自如，神韵怡人，被现代艺术、工艺品广为引用。

莫高窟的飞天，飞了千年，飞遍了所有洞窟。他们千姿百态，有的像在游泳，有的在跳舞，有的在演奏乐器，有的脚踏彩云，有的直冲云霄，他们飞得很优美、很轻盈。壁画飞天蕴含的美感总是让人流连忘返。

飞天是指飞行于佛国天空的天人，在佛教神祇中具有特殊的职能。如梵语天龙八部之中的乾闼婆，意为天歌神，又叫香音神，是以歌舞、香气、鲜花供养佛的护法神；紧那罗意为天乐神，是专司奏乐的护法神。飞天的艺术形象最初出现在印度，自传入中国后与道家飞神羽人（即飞仙）相结合，被赋予了中国特色。中国的飞天与西方教堂里的小天使形象不同，飞天没有翅膀，以优美飞舞的动作，以及被风吹拂起来的长裙和翻飞展卷的长长披巾给人以愉悦的观赏享受。

　　莫高窟第 257 窟是北魏时期的代表窟，其西壁的 **九色鹿** 本生故事画是莫高窟绝无仅有的优美壁画，名叫《鹿王本生图》。这幅画采用传统的横卷式，用两头开始，中间结束的构图，描绘了 6 个场面。故事大意如下。

　　释迦牟尼佛前世为九色鹿王，身毛九色，角白如雪，常在恒河边食草饮水。当时有一溺水的人呼叫救命。鹿王闻声，不顾自身安危，跳入河中，背负溺水人上岸。溺水人跪地感恩，愿做鹿奴，采草取水。鹿王谢绝，只希望溺水人不要告诉别人自己的住处。溺水人发誓，绝不告诉他人，若说出去，必得恶报。此国国王王后夜梦九色鹿，醒来求王捕鹿，以皮做褥，角做拂柄。国王下令："若有能得九色鹿者，吾当与其分国而治，即赐金钵盛满银粟，又赐银钵盛满金粟。"溺水人得知王令，为贪财而忘恩负义，向国王密告九色鹿王的住处。国王得知鹿王住处，即率军前往捕捉。当时鹿王正在睡觉，乌鸦见国王率军来，啄醒鹿王。鹿王见国王已到眼前，并不逃跑，毫不惧怕，挺起胸膛，昂首而立，并向国王讲述了自己拯救溺水人的事。国王听完鹿王的话，深受感动，斥责溺水人。此时溺水人受到恶报，身上当即生出了癞疮。国王下令，从今以后不准任何人伤害九色鹿王，若有伤害者，必要严惩。善

良的九色鹿王从此过上了自由自在的生活。

这个故事虽然打了佛教的烙印，但不失为一则优美的民间寓言。故事里，九色鹿王象征着坚毅、善良、正直的品格，也告诉我们要遵守信用，不能背信弃义的道理。

历史上，莫高窟经历了不同程度的自然和人为的破坏。现在能保留住往日的神采和魅力，离不开几代"莫高窟人"的坚守和保护。莫高窟人是如何保护莫高窟的呢？

早在 20 世纪 40 年代，第一代有志青年背井离乡，来到这荒芜凋敝、飞沙走石的大漠深处。他们克服了住土屋、睡土炕、用土桌、喝咸水、没有电、没有卫生设备、物资匮乏、交通闭塞等各种难以想象的困难，以智慧和汗水，艰苦奋斗，筚路蓝缕，初创了敦煌莫高窟保护、研究和弘扬的基业，筑就了"坚守大漠，勇于担当，甘于奉献，开拓进取"的**莫高精神**，这成为敦煌研究院 70 余载薪火相传、生生不息的动力源泉。

追随着前辈的脚步，一代又一代风华正茂的青年学子奔赴大漠，成为"莫高窟人"。他们以前辈的"莫高精神"为信仰，前赴后继、奋斗不止，特别是在改革开放以来，担当起了既保护莫高窟文物，又弘扬敦煌文化艺术的使命。敦煌研究院对石窟壁画病害进行抢救性的科学保护修复；在石窟内外安装各种仪器，通过常年实时监测，做好石窟文物的预防性保护。在传承弘扬方面，研究院建立了藏经洞陈列馆、文物保护陈列中心、美术馆、莫高窟数字展示中心等展示设施。首创**数字敦煌**，推动"数字敦煌"资源库建设，以利永远保存、永续利用莫高窟艺术。还拍摄和放映高清宽银幕主题电影《千年莫高》和超高清球幕数字电影《梦幻佛宫》。"数字敦煌"资源库也面向全球免费上线，让全世界的人通过互联网就可以看到敦煌莫高窟的洞窟建筑、壁画、彩塑。这种观赏方式既不破坏石窟及其环境，又不再被时间、空间约束，它让更多的人感受到了莫高窟艺术的魅力，让莫高窟不再遥远。

樊锦诗寄语

樊锦诗　　敦煌研究院名誉院长

　　我在敦煌莫高窟度过了 58 年的时光，我一生只做了一件事，那就是守护和研究世界文化遗产——敦煌莫高窟。对此，我无怨无悔，因为它值得。我的体会是：守护和研究莫高窟是值得奉献一生的高尚的事业，是必然要奉献一生的艰苦的事业，也是需要一代又一代人为之奉献的永恒的事业。

　　同学们，通过上述介绍，相信大家对敦煌文化艺术会有了解和收获。

　　你们是我国社会主义新时代未来的主人，将来都要担负起建设祖国的重任。我希望同学们在学校努力刻苦学习，要使自己具有强壮的体魄、高远的志向、高尚的品质和勇于担当的精神。毕业后，为社会、为人民、为国家做出自己应有的贡献！

《科技日报》原总编辑张飙

你听过"两弹
一星"元勋们的
传奇故事吗?

"两弹一星"，最初指原子弹、导弹和人造卫星。后来，其中"一弹"将原子弹和氢弹合称为核弹，与导弹、人造卫星一起，成为我国科技和军事实力的强大证明。

　　"两弹一星"元勋，是为"两弹一星"事业做出巨大贡献、获得国家表彰的23位"国宝级"科学家。他们中的代表人物有：世界著名科学家、"中国导弹之父"钱学森，中国核武器研制工作的开拓者和奠基者邓稼先，中国核科学的奠基人和开拓者王淦昌，获得"烈士"称号的中国近代力学事业的开拓者和奠基人郭永怀，等等。

　　1999年，国家为这些功勋卓著的科学家们颁发了"两弹一星"功勋奖章，表彰他们用智慧与汗水为我国筑起了科技城墙，使我们有能力保护家园。也正是因为他们不懈地努力、克服了无数困难，甚至牺牲自我，才为今天这个无比美好、强大、繁荣的中国奠定了国防基础。"两弹一星"元勋们的精神，应该成为我们的基石，一代一代继承、发扬下去。只有拥有这样的钻研精神，我们的祖国才能越来越强大，人民才能越来越幸福。

1960 年 11 月 5 日，我国第一枚国产近程导弹"东风-1号"试射成功，标志着我们在导弹技术上迈出了强有力的一步。1964 年 10 月 16 日，我国第一颗原子弹爆炸成功，从此，我们也拥有了曾被少数国家垄断的原子弹技术。1967 年 6 月 17 日，我国第一颗氢弹空爆试验成功，我国核武器技术又飞跃了一个台阶。1970 年 4 月 24 日，我国第一颗人造卫星"东方红"1号发射成功，我们成为全世界第五个有能力制造并发射人造卫星的国家。

　　"两弹一星"的成功，使我国国际地位飞升。掌握了军事尖端科技，我们也拥有了捍卫国土安全的武器，在国际上有了自由对话的地位。"两弹一星"不光是国家的骄傲，也为我们带来了尊严和安全感。这些强大的科技，是我国经济稳定发展，形成今天一派繁荣景象的后盾。

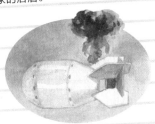

原子弹

氢弹

人造卫星

导弹

在"两弹一星"元勋中，有一个人曾是美国麻省理工学院最年轻的终身教授，可以自由进出美国五角大楼……然而他却毅然选择回到祖国的怀抱，你知道他是谁吗？他为"两弹一星"做过哪些贡献呢？

这位爱国科学家就是名扬海内外的学术大家钱学森。从"两弹一星"到"载人航天"，钱学森都做出了无比卓越的贡献。他也因此成为迄今为止，获得我国"国家杰出贡献科学家"荣誉称号的唯一一人。

钱学森的名字前面有太多沉甸甸的荣誉，他被誉为"中国导弹之父""中国航天之父""火箭之王""中国自动化控制之父"，他将我国原子弹和导弹的发射进程至少向前推进了20年，加快了我国航天和国防科技的进步速度，也让我国在世界舞台上有了自己的底气和尊严。

钱学森是名副其实的学霸，年纪轻轻就进入美国麻省理工学院的航空系，后进入加州理工学院，成为20世纪最伟大的航空工程学家冯·卡门最重视的学生，并与导师一同提出了著名的"卡门－钱学森公式"，28岁就成为世界知名空气动力学家。钱学森不但拿下了航空、数学双博士学位，毕业后，35周岁的他还成为当时美国麻省理工学院史上最年轻的终身教授。

中华人民共和国成立后，钱学森不顾美国的百般阻拦，毅然选择回到祖国的怀抱，投身"两弹一星"的研究。我国第一个火箭、导弹研究所——国防部第五研究院，就是由钱学森组建并领导的。在他的带领下，我国第一颗原子弹爆炸成功，我国第一颗氢弹试验成功，我国第一颗人造卫星发射成功。可以说，没有钱学森，就没有我国今天辉煌的航天成绩和大国地位的根基，他是我们中国人的骄傲。

钱学森听到新中国成立的消息，马上就想回到祖国的怀抱，却遭到了美国政府长达 5 年的严密监视，一直到 1955 年，才终于回到祖国。美国为什么不愿意让他回国呢？他又是如何回国的呢？

在美国获得的荣誉和美国的优渥条件并没有动摇钱学森科技报国的初心，他一听到新中国成立的消息，就想马上飞奔回祖国的怀抱。

然而美国却没有那么容易放弃这样一位学术大牛，当时的美国国防部海军次长丹尼·金贝尔这样比喻钱学森的科研能力：无论钱学森在哪里，他都抵得上 5 个师。

于是，钱学森急切回国报效的心愿换来了美国政府的非法软禁和长期监视。美方甚至声称钱学森没有主动提出想要回国。

失去了自由的钱学森，只好把想回国的求救信息写在烟盒纸上，夹在一封寄往比利时的家书中，经几人之手，辗转送到了周总理手中。

为了让钱学森回国，我国也花费了很大力气。周总理得知钱学森的处境后，不惜采用外交手段，还释放了11名因侵入中国领空而被拘禁的美国飞行员等，来换取钱学森回国。

有了钱学森写在烟盒纸上的亲笔信以及中国的外交努力等，美国终于没有任何借口阻拦他。1955年10月8号，钱学森终于踏上了心心念念的土地，回到了祖国母亲的怀抱。短短十几年，钱学森就和其他元勋一起带领我国科研人员创造了"两弹一星"的奇迹！

有一位科学家，在钱学森看来，已经远远超过他自己。钱学森曾说："如果我值5个师，那他的贡献能抵得上10个师。"这位科学家是谁呢？他的背后又有着怎样的故事？

连钱学森都自叹不如的这位科学家，就是中国唯一一位在卫星试验、氢弹、原子弹中同时取得重大成果的"两弹一星"元勋——郭永怀。

他是钱学森的师弟，也是冯·卡门的学生，凭借在空气动力学领域最前沿课题上取得的成果，短短几年就拿到了博士学位，还被邀请去美国康奈尔大学航空工程研究生院任教。

在这些尖端科学方面取得的成就让郭永怀在全世界声名大振。但也因此，他的回国之路同样受到了美国的百般阻挠。直到钱学森回国第二年，郭永怀才得以回到祖国的怀抱。

回国后，郭永怀在中国核武器研究中发挥了巨大作用。短短几年，我国第一颗原子弹就爆炸成功了。第二年，郭永怀又担任了"东方红"1号卫星研究的领导工作。

几年后，在青海的核武器研制基地，郭永怀在一次试验中得到了一个非常重要的数据。为了把数据连夜送回北京，他登上了回北京的夜间飞机。然而，飞机在抵达北京上空，距离地面还有 500 米时，出现了故障，一头栽下来……科学家郭永怀匆匆离开了我们。检查遗体时，人们才发现，郭永怀和警卫员用身体护着的，就是那个装着重要数据的公文包。

郭永怀为中国"两弹一星"事业，为中国的复兴大业，贡献了自己的一切，他直到生命最后一刻，想的都是要保护好国家和人民的财产。为了纪念郭永怀，国家授予他"烈士"称号，国际小行星中心还把编号为212796号的小行星，永久命名为"郭永怀星"。相信郭永怀的精神也会成为我们心中那颗最亮的星。

张飙老师为纪念郭永怀创作的书法作品

"两弹一星"的研究困难重重，工作条件极其艰苦，为了保密，工作人员还要几十年隐姓埋名，甚至面临辐射的危险……到底是什么在支撑着元勋们的信念呢？

郭永怀直到生命最后一刻，想的都是要为国家和人民保护好数据。与郭永怀相同的还有另一位元勋，他在生命最后的时刻，仍在书写我国核武器发展的建议书。为了"两弹一星"事业，他隐姓埋名 28 年，为我国核武器、原子武器的研发，做出了重要贡献，他就是邓稼先。

邓稼先是中国核武器研制工作的开拓者和奠基者，他曾在美国研读物理学，仅用一年多时间就取得了博士学位，当时只有 26 岁。1950 年，邓稼先回到祖国。为了推动国防科技研究，邓稼先隐姓埋名、默默耕耘几十年，他领导研究了我国第一颗原子弹的理论方案和试验，参与了我国第一颗氢弹的研制与试验。研制过程中，对科学与生俱来的追求让他经常为了试验结果的准确性，亲自承担风险最高的一线工作，他因此受到了严重的核辐射。

邓稼先躺在病床上时，他的挚友——诺贝尔物理学奖获得者杨振宁曾问他："您研究原子弹成功之后，得到了多少奖金？"他说："原子弹 10 元，氢弹 10 元。"

对祖国的热爱让邓稼先拥有无比坚定的信念，甘愿为祖国奉献一生，他的人生是无悔的，也是无价的，值得我们永远记住。在这些英雄前辈的心中，让祖国强大起来，不再任人欺凌，就是支撑他们奋斗一生的最大信念。可以说，没有这些元勋们呕心沥血，奋斗在危险的科研一线，就没有我们今天和谐、稳定生活的基础。

有一位"两弹一星"元勋为了我国的原子弹、氢弹研究，隐藏姓名和行踪，甚至放弃了诺贝尔物理学奖的获奖机会，他是哪一位元勋呢？又是什么信念在支撑着他？

王淦昌，是中国核科学的奠基人和开拓者之一。在德国留学期间，23岁的王淦昌就提出了发现中子的设想，这足以让他获得诺贝尔物理学奖。27岁时，他已拿到博士学位。回国后，他更是培养出了一批优秀的物理学家，其中就有诺贝尔物理学奖获得者李政道。王淦昌还曾代表中国，在苏联原子核研究所任副所长，他领导的物理小组首次发现了反西格马负超子，轰动了全世界。

然而为了我国的国防科技，王淦昌甘愿放弃一切荣誉，隐姓埋名17年，指挥了上千次爆炸试验，为我国"两弹"事业付出了全部心血。短短几年时间，我国就取得了从原子弹到氢弹的科研实践成果。

如果不回国，不从事需要保密的国防科技工作，王淦昌会是诺贝尔物理学奖的有力竞争者。当被问到是否后悔时，王淦昌笑着讲起一段经历。那是在原子弹爆炸成功之前的一次招待会上，他遇到了外交部部长陈毅，陈毅表示，有了原子弹，腰杆就更硬了。外交部部长腰杆硬了，就意味着国家实力强了。王淦昌为了祖国的事业日夜忙碌着，他还曾说："经常有人问我，回来后不后悔，我的答复是科学没有国界，科学家有祖国，我回来为祖国效力，这就是我的志愿。"

"两弹一星"元勋们就是这样淡泊名利、默默奋斗，甚至自我牺牲，才为我们今天璀璨的科技成果，以及我们今天无比强大的中国，奠定了坚实的基础！

强国筑梦，大师寄语

张飙　　《科技日报》原总编辑　　中国书法家协会顾问
　　　　《中国青年报》原副总编辑

　　在这里，我要送大家两句话，一句是"天地英雄正气"，一句是"古今家国情怀"。"天地英雄正气"的意思就是，希望同学们能够继承我们的传统文化，能够从我们世世代代的民族英雄身上，继承我们好的传统。"古今家国情怀"是希望同学们能够把我们中华民族这些仁人志士对国家、对民族的热爱继承下来，为此就得开阔眼界，就得练好身体。还有很重要的一条，要热爱知识，热爱科学，将来才能够为我们的国家、为我们的民族做出更大贡献。

火箭"心脏"焊接中国第一人高凤林

为什么焊接技术可以送火箭上太空？

火箭之所以能一"箭"冲天，全靠它有一颗超强的"心脏"，也就是火箭发动机。火箭发动机的构造非常复杂，任何一个小零件出问题，都会影响整个发动机的性能。因此，把发动机各个零件紧密"粘合"在一起的"焊接技术"，就成了制造火箭非常关键的一环，甚至直接影响到火箭能不能顺利升空。

航天领域多种材料、各类容器、复杂结构都需要进行焊接，我国"长征三号"甲系列运载火箭、"长征五号"运载火箭的第一颗"心脏"——氢氧发动机喷管，都有焊接技术在背后鼎力支持，它是中国航天事业进入新时代的必要技术。

在大多数人眼中，焊接是一门简单的手艺活，一份平凡的工作。然而有很多焊接人员，凭借高超的技艺，创造了非凡的成就，是制造业领域中不可或缺的"大国工匠"。

高凤林从事火箭发动机焊接工作40年，曾攻克了200多项航天焊接技术难题，经历了无数次要求极高的焊接挑战，被称为火箭"心脏"焊接"中国第一人"。

焊接，有点儿像我们用胶棒粘东西。它是指把两种或两种以上的金属（或其他材质），用加热或加压的方式连接在一起，使它们成为紧密的一体。

焊接听起来简单，做起来却不容易！

打个比方，火箭发动机外壳下有很多"骨头"，这些不同功能的"骨头"需要靠焊接技术连在一起。如果"骨头"之间连接不紧密，出现了裂缝，一

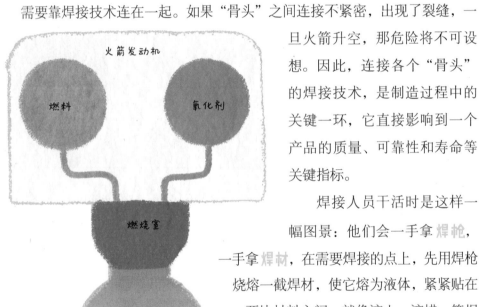

火箭发动机

燃料

氧化剂

燃烧室

喷管

旦火箭升空，那危险将不可设想。因此，连接各个"骨头"的焊接技术，是制造过程中的关键一环，它直接影响到一个产品的质量、可靠性和寿命等关键指标。

焊接人员干活时是这样一幅图景：他们会一手拿焊枪，一手拿焊材，在需要焊接的点上，先用焊枪烧熔一截焊材，使它熔为液体，紧紧贴在两块材料之间，就像滴上一滴蜡。等焊材冷却完毕，两块独立的材料就被焊材连在了一起。为了防止焊接弧光和火花对皮肤和眼睛造成伤害，工作人员焊接前，还要戴上防强光面罩和防静电手套。

焊接技术是一门不能轻易后悔的技术，这是什么意思呢？因为焊接过程几乎是<u>不可逆</u>的，焊上之后就很难再反悔重来。所以一件产品焊得是否完美，除了受工具、材料、环境等各方面影响，更要看操作人员手法的熟练度和技艺水平。

航天领域和发动机制造领域对焊接技术有极高的要求。因此，技术人员要涉猎相当广泛的知识。在实际操作过程中，他们不仅需要力学、冶金、热处理等数理化相关的知识，还需要日积月累练就的高超的焊接技术，这样，他们才能做出完美的焊接产品。

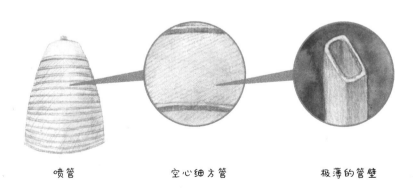

新闻曾报道，火箭发射时，尾部喷管中的温度高达3000摄氏度，为了不让喷管烧坏，要在喷管上焊接几百根空心细管，注入超低温液体来给它降温……听说这种结构对焊接技术要求极高，这类航天焊接究竟有多难呢？

火箭尾部有个喇叭形状的喷火装置，它叫作**喷管**。当火箭发射时，喷管喷出的燃料温度高达 3000 摄氏度。这么高的温度，会不会还没等火箭飞上天，

喷管　　　　　　空心细方管　　　　　　极薄的管壁

尾部的喷管就被烧坏了呢？

为了不让发动机喷管被高温烧坏，科学家们想出了一个好主意。他们在喷管上紧密缠绕了数百根**空心管线**，再在这些空心管线里注入零下一二百摄氏度的**低温推进剂**，就像在喷管上覆盖了一层"冰袋"。靠这些冰凉彻骨的液体，就可以帮助喷管"冷静"下来了。

不过，科学家们又遇到了一个难题。这些又长又细的空心管线，要怎样固定在喷管上面呢？ 20世纪90年代，我国"长征三号"甲系列运载火箭的新型大推力氢氧发动机就遇到了这样的困境。它的喷管延伸段需要覆盖248根空心细方管，这些管线全要靠焊接专业人员一根根紧密焊接在喷管上。方管之间的焊缝长度加起来长达900米，有足球场的两圈那么长。这要求焊接时不能有丝毫差池，不但要求手稳，还要让焊液均匀涂在长长的焊缝中，不能有焊漏。另外，由于空心管线管壁极薄，只有0.33毫米，薄如一张纸，因此焊枪多停0.1秒，都有可能烧穿管线……完成这种精密的焊接操作需要极其熟练和精准的焊接技术。焊接时，甚至可能需要几分钟不眨眼地盯着看，才能做到准确无误。最终，我们的焊接人员凭借稳定的手法和极强的控制力，成功地把这些薄如蝉翼的空心管线焊接在了一起。事后还经受住了200倍显微镜的检验，没有任何焊漏和烧穿，我们的焊接人员成功完成了我国第一台大推力发动机的焊接任务，使我国火箭的运载能力得到了大幅提升。

【小问号】
火箭的"心脏"是什么？

一枚火箭能飞多远，主要取决于它的发动机有多强大。发动机是火箭的"心脏"，也是火箭的动力装置。火箭发动机自带氧化剂和燃料，在燃烧室中，燃料与氧化剂混合燃烧后，会产生高速气流，当这些气流从火箭尾部的喷管中一股脑倾泻而出时，火箭就获得了不断向天空飞去的动力。火箭发动机必须做得极其牢固，才能经受住噪声、振动、高温等复杂考验，也因此，我们的航天事业需要技艺精湛的焊接高手来助力。

最近几年，我国火箭入轨发射次数的排名都非常靠前，这也让我国"嫦娥奔月"探月工程、载人航天的梦想一步步成真。在38万千米地月距离背后，是焊接人员精确到0.1秒的辛勤付出。面对高难度的火箭焊接，他们是怎样做到高度准确的呢？

"研究发现，任何一个领域的世界级水平都需要起码1万小时的训练。"神经学专家丹尼尔·利瓦廷曾这样写道。基于其他大量的研究，研究者们就练习时长绘出了一个神奇的临界量：1万小时。所以，马尔科姆·格拉德威尔在他的书中提出了"1万小时法则"，他认为唯一能使人出人头地的方法就是刻苦练习。

这条著名的"1万小时法则"也是工匠级焊接人员应秉持的信念。想成为某个领域的专家，想获得杰出成就，想从平凡到超凡，就要持之以恒，持续专注，不断积累，不断学习，至少需要1万小时的努力才做得到。

航天领域的焊接技术之所以能做到高度准确，除了需要焊接技术人员加倍的恒心与努力，还要求他们具备三大素质。

第一，稳定性。操作难度大的复杂结构，或难以焊接的材料，都需要人的视觉、听觉、思维不停地变化处理，这种复杂的操作过程无法由机器取代，必须由人来完成，只有具备极强的稳定性才能做到。

第二，协调性。焊接可不是焊几下就去休息了，有些焊接任务需要长时间操作，短则五六个小时，长则十几个小时。如果焊接技术人员全身发僵，就无法做到长时间操作，必须要全身非常放松，非常协调，才能保持长久的稳定操作。

第三，**悟性**。焊接技术不光有高度、宽度、均匀度这些外在标准，还讲究内在质量的控制，比如内部气孔、内部应力、内部裂纹、内部夹渣等，这些从外表是看不到、摸不着的，必须用 X 光设备、超声设备去检测。如果检测出来再去补救，会对焊接的成品有影响。所以这就需要焊接人员具有极高的悟性，从知识、技术到技能，一连串精准掌握和配合，才能取得较好的焊接效果。

焊接技术除了被用于制作火箭发动机，在三峡水利枢纽站、中华神盾"兰州号"驱逐舰/70 舰等超级工程、大国重器背后，也同样发挥了非常重要的作用。这么多超大工程都用到了焊接技术，如此巨量的工作，可以由焊接机器人来完成吗？

焊接机器人的确可以承担一部分焊接工作，比如焊一些结构简单的部件时，由于焊接机器人的快速和稳定，它们可以承担大部分工作。如果单纯用焊接总长度来计量，在航天领域中，焊接机器人可以承担75%的工作量。不过，一旦遇到焊接航天设备接头这种比较复杂的结构部件时，焊接机器人仅能承担 30% 的工作量。

比如，把两个大小一样的圆筒焊在一起时，使用焊接机器人来操作就没有问题，因为焊接时的空间开敞度、圆筒的纵缝都很规范，可以使用自动焊接设备来进行大规模操作。

但是，焊接复杂的火箭发动机接头时，由于操作空间小，零件结构紧凑且复杂，对焊接技艺的要求非常苛刻，需要很多柔性的随机操作，单纯机械

式做工的焊接机器人是无法取代人类做这种**灵活度高**的工作的。

　　虽然焊接技术在很多人眼中是平平无奇的工作，但在航天领域，却撑起了无数伟大的工程。这些在平凡中坚守、在执着中超越的焊接人员，用"匠心精神"锻造出了"中国制造"，也实现了人生价值。可以说，是这些大国工匠们，挺起了"中国制造"的脊梁。

强国筑梦，大师寄语

高凤林　　火箭"心脏"焊接中国第一人

　　我们做每一项工作都要拥有"工匠精神"。我理解的"工匠精神"，是在思想上爱岗敬业、无私奉献，行为上持续专注、开拓进取，结果上精益求精、追求极致。青年是国家的希望，青年是国家的未来。希望你们在今后的人生和事业中，树立正确的人生观、世界观、价值观，可以把奋斗和努力的方向，与国家的行业需求时时刻刻联系在一起。在未来的事业上，希望大家不断努力学习知识、增长学识、把握实践，突破一个个难点问题、瓶颈问题、关键问题，确定自己的成长道路，实现自身价值，为我们中国梦的实现，贡献最大的力量。

"三极"科学家刘小汉

冷酷仙境南极为什么会吸引大批科学家去探索？

中国南极长城站

中国南极中山站

"三极"指南极、北极、珠穆朗玛峰。其中南极位于地球最南端，是一片神秘又遥远的冰雪大陆，它是地球上人类最晚发现的地方，也是世界上唯一没有人类定居的大陆。

　　南极是世界上仅存的冰冻荒野，大片区域覆盖着常年不融化的冰雪，这里就像世界尽头一样空旷又绝美无比，野生动物自由自在地生活于此。南极还蕴藏着大量未开发的矿产资源、生物资源和淡水资源，是我们了解地球的科学殿堂。南极的环境变化也在时刻影响着全球气候，一直是科学家们关注的焦点。

　　1985 年初，中国第一座南极科考站——长城站，在南极建设完工。从此，中国科学家开启了对南极的探索之旅。冰川科学家秦大河是我国第一个徒步横穿南极大陆的人，他沿途采集了 800 多瓶雪样，取得了一系列在国际上领先的科研创新成果。截至目前，我国已经在南极建立了 4 座南极科考站，以及 1 座正在建设的新站，为人类认识两极、探索极地奥秘，做出了重要贡献。

中国南极昆仑站　　　　　　　　　中国南极泰山站

南极与北极分别位于地球的南北两端，都是寒冷地区，为什么南极没有一个国家，只有各国的科考站，北极却有挪威、丹麦、加拿大等8个国家？南极和北极有什么区别呢？

这是因为北极是一片大洋，也就是我们常说的"**北冰洋**"。环北冰洋地区有8个国家，分别是挪威、丹麦、加拿大、芬兰、瑞典、冰岛、美国、俄罗斯，它们组成了"环北极国家"，成立了"北极理事会"，一同保护北极环境，促进地区经济，等等。北极也有许多科考站，只不过都建在北冰洋沿岸的陆地上，北极点附近是一片冰冻的海洋，科学家们只能在浮冰上布设观测仪器，或借助破冰船来进行深入北极的科考。我国第一个北极考察站黄河站，就建在挪威的斯匹次卑尔根群岛上。

相比一片汪洋的北极，南极则是一整块**坚实大陆**，面积约1400万平方千米。这么大一片地方，为什么反而没人居住呢？这是因为南极气温比北极低得多，年平均气温大约要低20摄氏度。人类有记录以来的南极极端低温，曾达到零下89.2摄氏度，而北极是零下76摄氏度。南极是名副其实的"地球上最冷的地方"，不适合人类居住。

历史上，曾有国家对南极做出了"领土"分割，但并没有得到国际社会的普遍承认。1959年，美国、苏联、英国等12个国家经过激烈讨论，一致通过了具有历史意义的《南极条约》，主张南极大陆及其资源应该用于和平、自由的科学考察。1991年，协商国又制定了《关于环境保护的南极条约议定书》，并针对南极动植物保护、防止海洋污染、南极环境评估、南极废物处理与管理等几个大问题补充了附件，全面制定了保护南极环境的细则。

因此，南极是一片不属于任何国家的大陆，它是人类共同的财产。它具有的极端地理环境，迥异的生态环境，被各国科学家视为一座冰封的科学圣殿，具有极大的科研价值，这也是南极有那么多科考站的原因。网上统计，截至 2017 年，已有 32 个国家在南极建立了 79 座科学考察站。

南极是一片神秘而又危险的大陆，环境极其恶劣，不适合人类生存，却吸引了无数科学家前去探索。对科学家们来说，南极有哪些吸引人的地方呢？他们为什么要去考察南极？

在南极，人们可以看到震撼人心的**迷人自然景观**。南极一年之中，会出现长达数月的极昼或极夜现象。当极昼来临，太阳全天处在地平线以上；当极夜来临，大地连续数月陷入一片黑暗，漫天闪烁的星辰和璀璨的极光，把夜空点缀得如梦似幻。

除了绝美风光，南极还拥有丰富的**矿藏**。科研调查发现，在这片冰封大陆的地下，蕴藏着 220 多种矿产资源和能源，储煤量高达 5000 亿吨，是世界上最大的煤田之一。这里还有绵延 120 千米的铁矿资源，被科学家们称为"南极铁山"。

南极还是一个巨大的**淡水水库**，而且没有任何污染，水质极佳，几乎储存了全球 72% 的可用淡水量，可供地球上所有人喝 7500 年。

南极海洋中的**生物资源**也极其丰富，生物学家们发现南大洋中大约有 10 亿吨南极磷虾，就像一个取之不尽的"蛋白质仓库"。企鹅、鲸、海豹和鱼也在这里繁衍生息，让南极充满了活力。

除了丰富的自然资源，南极还被称为"天然的科学实验圣地"和"解开地球奥秘的钥匙"。因为南极独有的**极端环境**，使这里拥有地球上独一无二的特种微生物资源，让科学家们可以获取更多生物数据，有了进一步研究生命科学的可能。

南极巨大的冰盖、漂浮的海冰、特殊的极寒气候环境，加上独特的磁场，也使这里变成了一座巨型天然实验室，为科学家们研究全球气候环境变化、高空大气物理、千百万年来地球的历史构造、生物的多样性提供了绝佳场所。

鲸

海豹

磷虾

铁矿石

煤炭

在南极，美景与危险并存。对南极科考队员来说，他们探索南极的每一步都伴随着四大挑战：第一，忍受极度的寒冷；第二，抵挡终日的狂风；第三，眼睛因长时间注视冰雪而患上雪盲症；第四，不小心跌入冰裂隙。这些危险，都是南极科考队员们离开营地后随时可能会遇到的，甚至会威胁生命。南极科  考队员都深深记得一句话："你的每一步可能是人类的第一步，也可能是你自己生命的最后一步。"因此在南极，学会自我保护是头等重要的大事。戴好防止雪盲的雪镜，注意保暖，随时留意脚下的每一步，任何时候都不要大意，秉承着科学上的严谨态度来保护自己，才能带回丰硕的科研成果。

20世纪末，科学家在南极发现了地球上最大的冰下湖——东方湖，它藏在南极4000米厚的冰层之下，与火星南极冰层下的湖泊极其相似。那么，什么是冰下湖呢？它是怎样形成的呢？

被封存在南极4000米冰层之下的东方湖，与世隔绝了至少1500万年。科学家们发现，神奇的冰下湖这么多年来从未发生过变化，被完好地冻在了南极大陆地底下，与火星南极冰层下的湖泊极其相似，具有极高的研究价值。这种冰下湖是怎样形成的呢？

南极大陆是在 3700 万年前开始变冷的。在此之前，它是一片不算太冷的温暖大陆，与南美洲紧密相连，有水龙兽、山毛榉森林等丰富的生物种类。然而从 3700 万年前开始，由于**板块构造运动**，南极板块与南美洲板块断裂开来，南极大陆被海水包围，洋区终年刮西风，使海水产生自西向东绕南极洲的流动，这些海水形成了全球洋流系统中最强劲的"**南极绕极流**"。而南极大陆附近的**西风带**终年刮着大风，掀起四五米高的海浪。无论谁想去南极，都必须穿越这片西风带。

南极绕极流加上西风带，切断了南极大陆和中低纬度温暖地区的热交换，从 3700 万年前开始，南极变得越来越冷。时间跨越到 500 万年前，南极终于形成了如今规模巨大的冰盖层，把冰下湖牢牢封在了地下。从此这片湖泊没有了阳光，没有了氧气，体形稍大的鱼、虾无法生存，但科学家们在湖水中发现了很多低等微生命，为研究火星、土星和木卫二相似冰层下的生态系统提供了极大帮助。

冰下湖为什么没有像冰盖一样冻住呢？有科学家推测，这片冰下湖可能是远古水体，随着冰盖的天然生长而被封存。也有科学家分析，是巨大冰盖的压力，使底部冰体达到压力熔点而消融，形成了冰下湖。还有科学家推测，是因为南极地下有地热、活火山或热岩，使冰盖底部融化，形成了冰下湖。科学家还需要更多科学探索，才能找到冰下湖真正的成因。

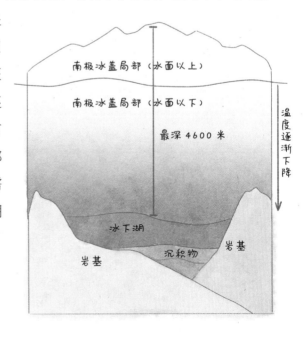

南极冰盖局部（水面以上）

南极冰盖局部（水面以下）

最深 4600 米

温度逐渐下降

冰下湖

沉积物

岩基

岩基

2020年2月9日，巴西科学家在南极西摩岛上，测出高达20.75摄氏度的气温，刷新了南极大陆观测气温最高值。全球变暖对南极造成了哪些影响呢？对我们的生活又会有什么影响？

全球气候变暖是全世界科学家都在关注的大主题。地球是一个整体，地球上有大气环流、大洋环流、大气对流等现象，所以地球上的热交换是全球性的，只要有一个地方升温了，就会影响其他地方。

全球气候变暖对世界上四大地区影响最大，它们是北冰洋、南非、青藏高原和西南极，它们成了地球上升温最快的地方。在这种影响下，南极的生态景观发生了巨大的变化。据科学家观测，南极气温平均每10年上升0.5摄氏度，南极冰川的消融速度相比40年前，加快了6倍以上。与此同时，这片冰雪覆盖的白色大陆正在不断变绿，边缘地区长出了更多苔藓。

南极有一座巨大的冰川，名叫"末日冰川"，它的面积超过18万平方千米，厚度达到4000米。它为什么叫末日冰川呢？因为它在10年之内，可能会使全球海平面上升1～3米。而且末日冰川消失，可能会引发更多冰川坍塌，这些冰块汇入海洋，会使海平面上升约3米，对全球大部分沿海城市，都是毁灭性的威胁。如果南极冰盖全部融化，全球海平面可能会上升66米。因此全球变暖导致的南极冰川融化，对于人类的生活，对于南极众多生物来说，影响都是巨大的。

南极吸引着全球科学家的目光，很多人甚至一生都致力于研究南极,各国也派出了许多科考队长期考察南极。那么，南极科考队员如何在考察南极的同时，做到保护南极的生态环境呢?

南极就像一座天然科学博物馆，具有极高的科研价值。世界多国为了能在南极长期考察下去，签订加入了《南极条约》，达成了一致的环保协定，规定了人类在南极活动必须遵守的原则，要对南极环境进行全面的保护。

现在，我国每年南极考察队的首要任务就是保护南极环境。我国 2014 年开站的泰山站，是继长城站、中山站、昆仑站之后，中国第四个南极科考站，也是一座高科技环境保护示范站，在全球科考站中都是非常先进的环保典范。

泰山站几乎做到了**二氧化碳零排放**，全站不烧煤油，而是采用太阳能、风能来发电，建立了能源的环保供应系统。这种清洁低碳的发电方式极大减少了废气排放，保护了南极环境。发电设备产生的余热还可以为科考站供暖，融化积雪以保障生活用水，等等。在水的使用上，泰山站也有一套**卫浴水循环系统**，一次融雪得到的水可以循环使用 5 次，做到了水的净化处理和多次使用，尽最大可能减少加热融雪带来的能源消耗。

在保护南极环境上，我国科学家做到了像对待科学一样严谨，像对待国内环保问题一样重视，尽我们最大的努力，保护南极这片纯净大陆。

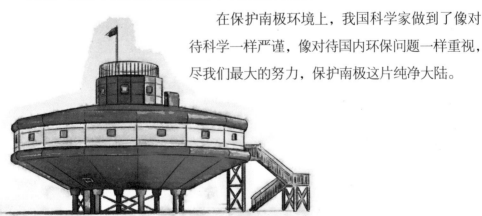

强国筑梦，大师寄语

刘小汉 　　"三极"科学家
　　　　　中国科学院青藏高原研究所研究员

　　南极是一个神奇的地方，想去南极有两种方式：第一种是旅行，需要花费高昂的旅费，且只能看到亚南极，看不到真正的南极大陆；第二种是成为一名南极科考队员，投身科学研究工作，这样不但可以看到真正的南极，甚至还能到达南极点。

　　所以我建议想去南极的同学，从现在开始好好学习，锻炼身体，学习攀岩等技能。大学毕业后，成为一名科学家，加入中国南极科学考察队。这是去南极最便捷的办法，也是见识南极最彻底的办法。

　　少年强则国强，希望同学们好好学习，锻炼身体，为将来的"三极"研究，做出自己的贡献，也为中华民族的复兴之梦做出你们更大的贡献！

高原医学研究奠基人吴天一

你知道高原医学史上的奇迹是什么吗?

空气中的氧气是我们赖以生存的气体。我们每分每秒都在呼吸，如果中断呼吸 5 分钟左右，就会危及生命。很多高原地区，海拔高，气压低，氧气特别稀少，人们来到高原不适应，就会患上高原病。

我国是高原大国，拥有青藏高原、云贵高原、内蒙古高原、黄土高原这四大著名高原，其中海拔最高、面积最大、居住人口最多的青藏高原，更有"世界屋脊"之称，其中的珠穆朗玛峰与南极、北极并称"世界三极"。为了保障高原人民的健康，治疗高原病，科学家钻研并设立了一门学科——高原医学。

高原医学不仅守护着高原人民的生命健康，也守护着在高原参与建设的建设者们，还守护着每年不计其数来高原旅行的人。2005 年，吴天一院士提出的"青海标准"，被确定为国际慢性高山病诊断标准，这是第一个以中国地名、中国人的研究成果作为世界标准的医学研究，高原医学成了一项守护世界人类的事业！高原医学还存在着许多未解的难题，这座学术的"高原"等待你们来攀登。

"高原"有两个概念。在地理学和地质学概念中，高原是一块高于海平面、海拔高度达到 500 米以上的广袤土地。但在医学和生物学概念中，高原指的是随着海拔高度的增加，引起人体生理反应或病理变化的"缺氧高度"。海拔 3000 米的缺氧程度，已经可以对人体造成损害，因此在医学生物学概念中，认为海拔达到 3000 米以上的地方才是高原。

图中标注：海拔 3000 米、海拔 500 米、海平面

大家都听说过"高原反应"，如果我们从平原乘飞机来到海拔 3000 米以上的高原，一些人的身体就会发生高原反应，非常难受。那么，高原反应是缺氧引起的吗？会有哪些症状呢？

在海拔 3000 米以上的高原，氧气含量比海平面处少了大约 30%。氧气是人类必不可少的生存必需品，特别是脑部代谢，需要大量氧气。别看人脑只

占体重的 2%，但耗氧量高达人体总量的 25%。在氧气缺乏的地方，身体各处，尤其是脑部、肺部，就可能会因缺氧而生病。

"高原反应"是高原病的通俗叫法。人们经常搭乘飞机出门，如果从低海拔地区一下子飞到高海拔地区，"升高"速度太快，身体还没适应，就来到一个低压、缺氧的环境中，整个人就会产生一些不良反应，比如头痛、头昏、眼花、呼吸困难、胸闷气短、心跳加速、疲倦等，这些就是高原反应。严格来说，高原反应只是高原病的一个分支。在我国高原病分类中，"急性高原反应"是高原病中比较轻的一种。

有些人的体质对缺氧特别敏感，医学上称为"易感"。这类人到了高原地区，反应就会比较激烈，甚至会患上严重的高原病。有些人的体质则没有那么易感，哪怕来到高原，也没有太大的高原反应。因此，高原医护工作者既要对高原地区整体人群采取综合性保护措施，也要尤其关注那些对低氧易感的人，及时发现他们的病症，尽早采取措施，避免疾病加重。

为了让高原人更好地生存繁衍，确保大家的健康，就诞生了一门学科——高原医学。那么，高原医学究竟是研究什么的呢？都有哪些高原病呢？

我国是高原大国，有几百万甚至上千万人要在高原缺氧环境中长期生活繁衍，因此，他们的身体会发生一些跟平原常氧环境不同的生理变化，甚至是病理改变，由此就诞生了一门学科——高原医学，用来保障高原人的健康。

高原医学有两大任务：第一，研究在缺氧的高原环境里，人们要怎样去适应；第二，假如无法适应，身体可能会出现病理性改变，也就是高原病，那么针对这些高原病，要研究出从预防、发病、诊断到治疗的一套完整医学方案。

在高原医学研究领域，高原病可以分为两大类。

第一类是急性高原病，其中症状轻的叫急性高山病，也叫急性高原反应；症状较重的叫高原肺水肿和高原脑水肿。

第二类是慢性高原病，是长期慢性缺氧引起的身体病变。慢性高原病又分为两大类：一类是红细胞增多导致的，称为高原红细胞增多症；另一类是肺部压力增高导致的，称为肺动脉高压症，也就是大家常听到的高原性心脏病。

医学工作者们经过对高原病症的长期不懈的研究，针对各类高原病都已经有了比较完善的治疗方案。

为了拿到科研数据，高原医学研究者们要常年奔波在平均海拔4000多米的青藏高原上，唯有意志坚定才能肩负这项重任。高原医学研究的背后，有哪些极具挑战的故事呢？

1990年，我们跟日本人有一个国际合作项目，要一起攀登我国青海省的阿尼玛卿山，做科学考察。阿尼玛卿山主峰海拔6282米，不算太高，但山峰常年被冰雪覆盖，而且雪崩频繁，攀登难度很大。

我们一同攀登至海拔5000米处，建立了两个大帐篷实验营地，进行了为期10天的实验，做了很多呼气、心血管、睡眠等实验。10天后，日本十人团中，有3位队员高原反应严重，只能返回大本营吸氧输液。我对日本队长酒井秋南说："这个任务完成了，我们还要完成第二个任务，要继续往上爬。"

他的回答却是："我们不再爬了，我们还想活着回去。"日本人放弃了攀登，我们却没有退缩，继续攀登至海拔 5620 米处，在这个高度做了大量生理实验，获得了很好的科研成果。

两年后，在日本召开的国际高山医学会议上，我和日本同行都做了阿尼玛卿山高山生理和高山病研究的报告，但相比起来，我的报告高度更高、更完整，科学价值也更大。我也因此获了国际高山医学学会授予的"高原医学特殊贡献奖"。

我们从事高原学，要终身和缺氧打交道。不缺氧，不会知道怎么研究。所以我们经常会去高海拔地区，四五千米对我们来说就是家常便饭。此外，我们还会进低压舱做实验。在低压舱中，1 个多小时就能达到海拔 5000 米的效果，头痛欲裂，非常难受，但想要获取最佳科研资料，就必须深入虎穴，这也是每个高原医学科研工作者必须经历的考验。研究高原医学就要有一种拼搏精神和一种志气，才能攀上科学的巅峰。

在建设世界上海拔最高的青藏铁路期间，14 万人在青藏高上奋战 5 年，却没有一个人被高原病击倒，这被国际上誉为"高原医学史上的奇迹"。高原医学是如何创造这个奇迹的呢？

在青藏铁路建设期间，高原医学专家们为了保障工作人员的健康，采取了非常严密和严格的措施，国家也给予了极大支持。在青藏铁路沿线共建立了 25 个氧气站，近 20 个高压氧舱，为建设者们提供了充足的补充氧气的地方。

为了防治高原病，专家还提出了"三高三低"的治疗方案。什么是"三高三低"呢？一旦有人突发重症高山病，首先要送进高压氧舱，高压氧舱中的环境相当于海平面高度，就像回到了平地，因此患者的病症也会有所缓解；接着，运送患者就医途中，要让他钻入高压袋来继续补充氧气；最后，要确保患者高流量地吸氧。因此，三高就是高压氧舱、高压袋、高流量吸氧。

三低又是什么呢？患者只有从高原转移到海拔较低的地方，病情才能缓解，因此三低就是低转、低转、再低转。把患者从高的地方一站站转至低的地方，沿线都有很好的接应和救护，才能确保患者一路安全。

青藏铁路建设 5 年期间，14 万大军安然无恙，这并非一句空话，需要高原病领域的专家们做到极端细致，照顾到每一个环节，才创造了令人惊叹的"高原医学史上的奇迹"。

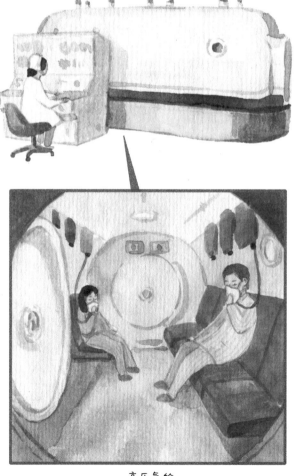

高压氧舱

我国有很多高原建设任务正在执行，比如分段建设的川藏铁路工程，全线最高海拔达到 4400 米。在氧气稀薄的高原上修建铁路，大量建设者们需要强大的高原医学提供保障。因此，川藏铁路的高原病防治工作难度不亚于修建青藏铁路，甚至更复杂、更艰巨。

除了铁路建设，每年还有数量巨大的人群从平原来到青藏高原，投身建设，或经商、旅游、做科研，他们都需要高原病医学提供可靠的医疗保障。

在西部建设进程中，"一带一路"国际医学也是一项新挑战。比如新疆医科大学启动的棘球蚴病（包虫病）研究。棘球蚴病在青藏高原的发病率也非常高，在中亚一些国家也有很高的发病率。像这类共同疾病，高原科学家们有共同联防和学术交流的义务和责任。

在国防建设上，高原医学也面临着新挑战，比如要提高我军在高原的战斗力，就要首先解决高原适应的问题。

美丽的青藏高原为我国高原医学研究提供了最佳场所，让高原医学研究者们创造了多项领先世界的高原医学成果。未来，科学家们将带着更多挑战不断前行，在高原医学、低氧生理学、高原人群保健等方面取得更多成绩。

强国筑梦，大师寄语

吴天一　　中国工程院院士　　高原医学研究奠基人
低氧生理学与高原医学专家

　　我要送给同学们四个字：真才实学！从事科学研究，不能造假，也没有捷径可走，只有那些勇于攀登科学高峰的人才能到达顶点。希望大家未来，无论在学习还是工作中，都不要急躁，不要急功近利，急躁会成为人生中一个很大的障碍，只有越过这个障碍，一步一个脚印，才能一步步走近科学，到达科学的高原。我希望你们将来都能成为我们国家非常杰出的科学家，拥有大成就！

文学创作如何讲好中国故事，弘扬中国精神？

　　中国文学有着数千年的悠久历史，在这条璀璨的文学长河中，每个时代都留下了足以点亮世界的中国经典文学作品。

　　比如，中国文学有许多经久不衰的经典文学体裁——涵盖了《左传》《论语》《庄子》等文学巨著的先秦散文，感情奔放、极富浪漫主义风格的楚辞体，汉朝涌现出的有韵散文汉赋，创作形式和风格都丰富多彩的唐诗，与唐诗并称为"双绝"的音乐文学宋词，盛行于元代的戏曲艺术元曲，还有包含了《三国演义》《水浒传》《西游记》《红楼梦》这四大名著的明清小说……除了经典的文学体裁，我们每个时代都有令人称颂的文学大师，孔子、孟子、屈原、司马迁、陶渊明、李白、杜甫、白居易、范仲淹、苏轼、李清照、罗贯中、蒲松龄、曹雪芹等都是文学大家，他们的名字是中国文化最光彩夺目的世界名片。这一系列内容，构成了几千年的中国文化发展史，宛如一个巨大又璀璨的文学宝库，等着我们每个人去探寻。

　　在新时代，如果想要以文学创作的方式讲好中国故事，弘扬中国精神，我们就要读万卷书，汲取中国传统文化精髓，也要行万里路，知行合一，用心、用情地书写，才能缔造出动人的文学经典，才能让中国文化在国际舞台上大放光彩。

文学涵盖了诗歌、散文、小说、戏剧等不同体裁。有人说，文学的世界是无边无际、无所不包的。文学是一种语言艺术，启发人们去热爱美、欣赏美，为什么这样说呢？

我们对各种学科产生兴趣，很多时候是从阅读文学作品开始的。文学**无所不包**，是因为它与很多学科有关联。文学中讲述了历史，你就会了解历史。文学中包含了思想，就会让你了解哲学、政治、经济等学科。文学会不断

地让你了解一个一个新的领域，所以我们说文学的世界是无边无际的。

还有音乐和绘画，文学与艺术学科的关系也十分紧密。与其说我们喜欢文学，喜欢音乐，喜欢绘画，不如说我们是喜欢**美**。美有两种构成，一个是自然之美，自然之美是客观存在的，我们走向山野，走向江河湖海，就能够欣赏到自然之美。世界上还有另外一种美，就是艺术之美。文学是诉诸语言和文字的艺术之美，音乐是诉诸听觉的艺术之美，绘画则是诉诸视觉的艺术之美。

进入文学的世界，就像打开一扇**博物之门**，让我们领略一个又一个崭新的世界。文学这道门内，又有一扇扇不同学科的大门，等待着我们去开启。所以，文学也可以说是引领我们进入某个学科的最初启蒙者。

中国古典文学名著《诗经》，是我国最早的诗歌总集，搭配《诗经》的音乐，叫作"诗乐"。古人喜欢把诗歌吟唱出来，音乐与文学究竟有着怎样的关联呢?

中国是一个"诗乐"的国度，有很多经典的文学作品都蕴含着适合吟唱的韵律。从我国最早的诗歌总集《诗经》，到我国文学史上第一部浪漫主义诗歌总集《楚辞》，还有美好的唐诗、宋词、元曲，都离不开动人的韵律和深深的情感。

好的艺术之间会互相影响。当文学与音乐产生关联时，诞生的那种美感是震撼心神的。文学与音乐结合，能为人带来气质上的熏陶和提升。

唐代诗人张若虚的《春江花月夜》，被闻一多先生誉为"诗中的诗，顶峰上的顶峰"。我国古代作曲家也谱写了一首《春江花月夜》。"滟滟随波千万里，何处春江无月明"，这样美好、宁静的诗句，变换成音乐，也非常有意境。你会发现应和着诗歌的意境，洞箫、琵琶、胡琴等不同乐器演奏出来的音乐与诗句有异曲同工之妙，一样表现出了诗中古朴、静谧的自然山水，表达了诗人的情感。

因此，我们说音乐与文学是相辅相成的，都是一种艺术之美的抒发，都会在我们的头脑中绘出了一幅幅自然隽永的美景，营造令人回味悠长的意境。

在这个互联网碎片化时代，在图书馆和书店里，我们会看到琳琅满目的书籍。面对许许多多的选择，如此大量又纷杂的信息，我们该如何选择和判断呢？

在互联网碎片化时代，我们花了大量精力读了一些不值得读的东西。同时，中国文学有数千年的悠久历史，我们拥有数不尽的深邃又雄伟的文学宝藏，因此即使在互联网时代，在大量信息涌向我们的时候，我们仍可以选择阅读那些经典文学作品。

古今中外，有大量经典作品是不需要任何判断的，只要拿起来阅读，就会有非常大的收获。比如《诗经》，比如杜甫、李白的诗，比如托尔斯泰、安徒生的文学作品……这些文学经典是前人用经验筛选出来的，历经千百年仍经久不衰地流传着。

因此，在我们还没有独立判断的经验之前，选择那些已经成为经典的**文学著作**去阅读，这是一条读书的捷径，比自己去大浪淘沙来得更加可靠，也更省时省力。

其实把精力集中在阅读经典著作上并没有那么苦，读书也没有那么恐怖，读书是一件很**快乐**的事情。阅读值得阅读的文学经典，你的收获将是无法衡量的，对世界的思考也会越来越丰富。

【小问号】
我们应该从哪儿学习中国经验，
讲好中国故事？

今天网络上有很多的中国经验、中国故事，但沉淀下来的真正有价值的东西都在书里。我们经历过的战争、灾难，留下的文化遗产，建立的人文科学……一切都在书里。想讲好中国故事，要先有中国经验。中国经验在哪呢？自古以来，传递经验的方法就是语言、文字，这些东西都能在文学经典里找到。有了中国经验，才有中国故事。儒家思想主张人们要拥有仁、义、礼、智、信，这是基本的道德准则，这就是我们的"中国精神"内涵之一。想学习中国经验、讲好中国故事，可以从阅读我们的历史文化著作开始。

有人说："读万卷书，不如行万里路。"想创作出优秀的文学作品，"读万卷书"和"行万里路"到底哪个更重要呢？怎样才能创作出优秀的文学作品呢？

唐朝诗圣杜甫曾写道："读书破万卷，下笔如有神。"明朝画家董其昌也曾写道："读万卷书，行万里路，胸中脱去尘浊，自然丘壑内营。"从诗词中我们可以看到古人是如何提升自我、丰富知识量的。

想要创作出优秀的文学作品，也要像古人一样，**全身心投入**进去。就像杜甫说的，首先是"读万卷书"，去搜集资料。当我们有了大量的相关材料，还要去确定材料里面写的究竟是不是真的，要去做很多实地考察。这也就是董其昌说的"行万里路"。

　　因此，进行文学创作，要经历这两段过程，既要"读万卷书"，也要"行万里路"。而且不只要有头脑和行动，心和情感还要参与，因为文学首先是以情感来打动人的。

　　所以我们说文学创作要多读书，多走路，还要投入情感，是全身心地想创作一篇优秀的文学作品，我们要去外面多走、多看、多感受，不能只是查阅资料，资料每个人都拿得到，但我们的感受却是独一无二的，是文学创作的基本之一。

　　当我们深入地探索一片土地，感受自然中蕴含的那种美，我们能不能比别人看到更多？土地上生存的人，以及他们构成的社会，我们能不能比别人懂得更多？如果我们获得了比别人更深的内心感受，以及迫切想要抒发的饱满情感，那么我们就可以试着去创作一篇文学作品了。

强国筑梦，大师寄语

阿来　　当代著名作家　　四川省作协主席

　　文学创作最重要的不是写得多，而是写得好，想写得好是需要慢慢来的。现在都讲"工匠精神""专业精神"，我非常同意，从小好好学习，长大后好好工作，在文学的道路上好好创作，是对自己生命最大的尊重。我希望同学们健康快乐地成长，同时也希望你们对世界充满好奇，培养不断学习的高尚兴趣。

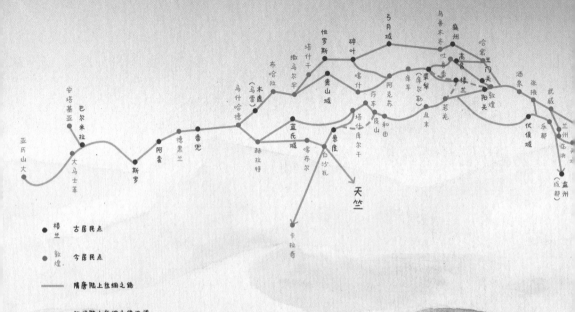

亚历山大
安塔基亚
巴尔米拉
大马士革
斯罗
阿蛮
德黑兰
番兜
马什哈德
赫拉特
木鹿（马雷）
布哈拉
撒马尔罕
怛罗斯
碎叶
恬山城
蓝氏城
喀布尔
白沙瓦
悬度
塔什干
塔什库尔干
皮山
和田
喀什
阿克苏
莎车
库车
且末
若羌
乌鲁木齐
弓月城
庭州
高昌
吐鲁番
焉耆
楼兰
阳关
敦煌
哈密
玉门关
酒泉
张掖
武威
乐都
伏俟城
兰州临洮
凉州
（成都）
天竺
卡拉奇

● 楼兰　古居民点
● 敦煌　今居民点
── 隋唐陆上丝绸之路
--- 汉代陆上丝绸之路旧道

中国丝绸博物馆馆长赵丰

丝绸之路为什么会以丝绸命名呢？

丝绸，是由桑蚕吐出的蚕丝编织而成的。在人类历史上，只有两种昆虫被驯化，一种是蜜蜂，它们辛勤采蜜，为我们酿造了可口的蜂蜜；另一种是桑蚕，它们吐丝结茧，为我们编织丝绸提供了蚕丝原料。

　　丝绸是中国古代最重要的发明创造之一，不仅有 5000 多年的历史，还具有深厚的文化底蕴。丝绸推动了优秀民族艺术的进步，也促进了缫丝、织绸等工艺的发展，为我国物质文明和精神文明做出了巨大贡献，是我国传统文化的瑰宝。

　　也正是因为有了丝绸，才有了世界闻名的丝绸之路。西汉时期，汉武帝派张骞出使西域，打通了汉朝与周边国家的沟通交流之路。丝绸之路正式开通后，我国大量丝绸及丝织品被卖往中亚、西亚及欧洲等地，拉开了古代东西方文化交流的序幕。如今，丝绸之路被列入"世界文化遗产"，为我国源远流长的古代文化增添了亮丽的一笔。

桑蚕起源于中国,它是一种吃桑叶的奇特昆虫。在它体内有一种叫作丝腺的器官,可以吸收桑叶中的氨基酸和蛋白质,转化为蚕丝,而蚕丝则是制作丝绸的原材料。桑蚕在两三个月短暂的生命中,会经历好 4 个阶段,从可爱的蚕宝宝,到吐丝结茧,再到化蛹成蛾……桑蚕的每个生命阶段都会"改头换面",与之前大不一样。因此,桑蚕也是自然界中"最善变"的神奇生物之一。而且,桑蚕可以产出蚕丝这种对人类具有宝贵价值的东西,这令我国古人对桑蚕产生了巨大的敬畏感,进而开始饲养。

在中国,驯养桑蚕的历史可以追溯到 5000 多年前。作为世界上最早驯化和饲养桑蚕的国家,我国在栽桑、养蚕、缫丝、织绸上取得了巨大成就,并且形成了丰富的丝绸文化。我国专家经过考古调查,把野蚕被我国古人驯化成家蚕作为中国丝绸的起源。

桑蚕的一生，会经历 4 个阶段。

蚕卵阶段：刚出生的桑蚕是萌萌的蚕卵，蚕卵大约经过 14 天，会孵化出小蚕。

幼虫阶段：刚孵出的小蚕只有蚂蚁那么大，黑黑小小的，吃了桑叶之后，就会慢慢长大。经过大概 4 次蜕皮，小蚕就会变成大蚕，我们也叫它熟蚕，体重大约相当于小蚕的 1 万倍。

蚕蛹阶段：熟蚕是成熟之后的桑蚕，由于吃了很多桑叶，蚕拥有了足够的体力和营养，蚕肚子里的丝腺已经准备好生成蚕丝了，它就要开始吐丝了。不断吐丝之后，大概经过 3 天，熟蚕就结成了一个蚕茧，用白白的"外衣"把自己包在里面，化成一只蚕蛹，这是桑蚕的第三个阶段。

成虫阶段：大概经过 14 天，蚕蛹里的成虫会再分泌出一种液体，把"外衣"弄破，当它破茧而出时，就羽化变成了会飞的蛾子。羽化之后的桑蚕就是成虫，可以交配，也可以生育，这是它的第四个阶段。经历过第四个阶段的蛾子，交配后产下新的蚕卵，生命又进入新一轮的循环。而在蚕破茧而出之前，桑蚕"外衣"中的茧层部分则被人们拿来缫丝、织绸，制成了丝绸。

很多动物出生时的样子跟长大后并没有太大区别，只是比小时候更大了一点儿。然而桑蚕的一生经历了四个阶段，每个阶段都与前一个阶段完全不同，几乎可以说是变化巨大，人们把这类一生经历四个阶段的昆虫称为"完全变态昆虫"，它们是自然界中形态变化非常多的神奇昆虫。

在丝绸之路上，从中国运往欧洲的不仅有丝绸，还有茶叶、瓷器等特产。那么，为什么这条重要的贸易通道要叫"丝绸之路"，而不叫"茶叶之路"或者"瓷器之路"呢？

在中国古代，对外贸易的大宗产品有丝绸、茶叶、瓷器，但只有丝绸是几乎贯穿整个中华文明史的。

茶叶出现的年代较晚，直到唐宋时期，我国才与日本有了真正的茶叶贸易，而直到英国人开始做茶叶生意，茶叶贸易才在全世界盛行起来。

我国的对外瓷器贸易发展也比较晚。青瓷是瓷器中的一大类，然而直到唐代，青瓷贸易才开始发达起来。如今在沉船上发现的大量运往海外的青瓷也都是唐宋之后出现的。

而丝绸从古至今一直都是中国的大宗出口产品，带动了东西方文明和贸易的交流，它的地位是茶叶与瓷器所不能比拟的。

丝绸之路上其实还有很多往来商品，因此这条贸易之路也有很多叫法，比如青金石之路、月石之路，甚至稻米之路，等等。那么，为什么它最后被称为丝绸之路呢？

丝绸之路的叫法最初是由德国地理学家**李希霍芬**提出的。李希霍芬在他的著作《中国》里，首次提出了"丝绸之路"这个概念。李希霍芬曾来过中国，对中国非常了解。他的这部著作里提到的古希腊地理学家马利诺斯曾讲过，在东方有一个国家叫"**赛里斯**"（Seres），还对去往赛里斯的这条路进行了很多描述。由于当时的欧洲没有丝绸，也无法生产丝绸，因此他们就以汉语中"丝"的发音（也有人说是"蚕"的发音）来称呼中国为"赛里斯"，也就是"丝国"。

李希霍芬把通往"丝国"的这条路全部画出来后，就说这条路应该被称为丝绸之路，因为它是通往"丝国"的路。而且中国被称为"丝国"的那个时代，这条贸易之路是因丝绸而得名，与茶叶和瓷器没有关联，因此才最终有了丝绸之路的叫法。

丝绸是我们的骄傲，丝绸之路把中国与世界联结在一起。从此，中国开始有机会将灿烂的文明贡献给全人类。那么，中国的丝绸对人类文明、科技文明做出了哪些重要贡献？产生了哪些影响呢？

丝绸是一种纺织品，它对人类的第一个贡献就是推动了社会文明的发展。用丝绸制成的服饰异常华丽，而且非常舒适，在古代各国都是身份与文明的象征。繁复又迷人的丝绸服饰纹样也渐渐发展成中国特有的民族美学艺术，成为闻名全球的**艺术品**。因此，丝绸也带来了艺术和美学上的贡献。

要想制成丝绸，首先要**缫丝**。缫丝就是把蚕丝从蚕茧中抽出来的工艺，中国是最早学会缫丝的国家，之后这种工艺才传入欧洲。最早的缫丝工艺是把蚕茧泡在热水中，再用手从中抽取蚕丝。后来又慢慢发展出丝框缫丝、手摇缫丝车、脚踏缫丝车等。如今，缫丝仍是制丝的重要工序，只不过从煮茧到缫丝全部由机械来完成。自动缫丝机解放了工人的双手，也提高了制丝的效率。

丝绸也促进了**织造技术**的发展。世界各国都生产纺织品，比如亚麻布、棉布，这些纺织品都要用织机织出来。中国人不只利用织机来织布，还可以用它来织出图案，而且效率极高。可以织出图案的机械叫作"**提花机**"，它是我国古代的一项重要发明。提花机是怎样制造图案的呢？首先，在提花机上编好一个图案的"程序"，再用这个"程序"循环往复地操作，就可以织

手摇缫丝车

出图案了。宋代的"束综提花机"把我国古代纺织技术提升到了新高度。

后来，这种神奇的提花机连同我国的"织造技术"，一起传到了丝绸之路沿途的国家，后又传入意大利、法国。法国人贾卡在我国束综提花机的基础上进一步改良，制造出了新一代提花机，利用预先打好孔的卡片"纹板"来控制编织的图样。这种打孔"纹版"对最早的电报业、第一代计算机的信息存储方式，都产生了深远影响。

我国古代提花机的"编程"原理和技术一步步影响到今天我们用的计算机。可以说，我国丝绸技术的发展推动了全球科学技术的发展。

随着科学技术发展，纺织材料领域出现了很多新型化纤面料，丝绸的总产量也在逐年下降。那么，这些新型材料是否会代替丝绸呢？

丝绸产业不会消亡，因为人类一向喜欢天然产品，它们对人类永远有一种亲和力，令人感到无比亲近。

中国是丝绸发源地，也是全球最重要的丝绸生产国，蚕茧和生丝产量占全球80%以上。由于极具艺术美感，丝绸现在已经成为一种**时尚产品**，甚至是奢侈品，被人们当成艺术品位的象征。

丝绸也促进了我国**传统文化**的发展。由于它极具美感，目前，用丝绸制成的汉服、旗袍等传统服饰，也重新成为一种潮流，得到了社会上的广泛认同和肯定。

西方社会也把丝绸看成是艺术和奢侈的象征。在西方，几乎所有名品街、名牌店里，都能看到丝绸的身影，而且丝绸制品在各个品牌中都属于高端产品。

丝绸不会消亡，它成为文化的代言，为我们带来更多文化自信。我们要更多地去传承和弘扬丝绸文化，让它成为我国文化输出最有力的证明。

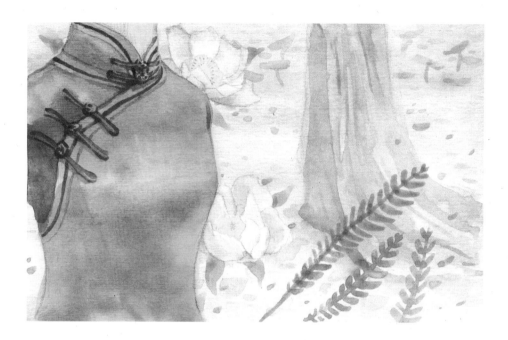

强国筑梦，大师寄语

赵丰　　中国丝绸博物馆馆长

　　来我们中国丝绸博物馆参观的同学非常多，因为这里是爱国主义教育基地，也是科普基地。我们想把与丝绸有关的传统文化、传统工艺、传统艺术设计传播给青少年，所以博物馆开展了各种各样的活动。比如我们有养蚕的科普活动，可以让大家了解蚕，认清它独特的生命机理和功能。我们有跟纺织有关的传统技艺课程，让大家可以了解编、织、印、染、绣的技艺。

　　我们还有很多丝绸讲座，以及非常重要的"丝路之旅"。参加"丝路之旅"就可以走出博物馆，进入更广阔的丝绸生产与丝绸之路的天地中去。比如我们曾组织同学们去杭嘉湖地区了解江南一带丝绸生产的整个工艺过程，以及相关的传统文化。我希望同学们可以把博物馆当成一个学习的课堂，也希望大家常来中国丝绸博物馆学习、参观、了解，传承丝绸文化，弘扬丝路精神。

四川大学教授姜生

汉朝文化为什么是中国文化的重要组成部分？

汉朝是我国历史上统治时间最长的中央集权君主专制王朝，共有27位皇帝，历经406年。小到开创做豆腐，大到造纸术的改进、地动仪的发明，甚至对后世影响深远的丝绸之路，都源自这个朝代。

汉朝也是当时世界上空前强大的超级帝国之一，拥有强大的军事力量，被冠以"强汉"之称，还流传出"明犯强汉者，虽远必诛"的千古强音。

汉朝的名人更是数不胜数，建立汉朝的汉高祖刘邦，出使西域打通丝绸之路的张骞，编著《史记》的伟大史学家司马迁，开创"文景之治"的汉文帝刘恒、汉景帝刘启，杰出的军事家韩信，发明地动仪的天文学家张衡，著写《汉书》的著名史学家班固……汉朝开创的灿烂文明，在华夏历史星河中一直久久闪亮。汉朝创造的文明，为璀璨的汉民族文化奠定了基础，创造了不朽的时代强音，至今仍给予我们无穷的精神力量。

【小问号】

你知道农历一月一日过大年，
是从汉朝开始的吗？

　　在汉朝流传下来的传统节日中，最重要的就是我们每年欢度的春节。在汉武帝刘彻颁布新历法之前，汉朝的"正月初一"是每年的农历十月一日。太初元年（前104），汉武帝实行了新的《太初历》后，就将农历一月一日定为一年之初。从此，农历一月就变成了"正月"，正月初一这天，就是我们全球华人每年最重要的节日——春节。

　　但实际上在汉朝，每年正月初一并不像我们现在这样放假欢度春节。那时的正月初一，会举办一些跨年的祭祀仪式等，来庆祝一年获得的收成，祈求来年风调雨顺，希望能有更好的收成。随着时间的推移，正月初一慢慢才演变为我们欢度的春节，春节的节日气氛也越来越浓厚，成了凝聚家族力量、凝聚民族精神的节日。

　　汉朝是我国历史上最强盛的时代之一，开创了文景之治、汉武盛世等时代景象。我国历史上一直流传着"强汉"的说法，汉朝到底"强"在哪儿呢？

　　汉朝分为西汉、东汉两个时期，秦朝灭亡后，公元前202年，汉高祖刘邦建立了以"汉"为国号的大一统王朝，社会经济慢慢恢复活力，汉朝逐渐变成历史上最强盛的朝代。

　　汉朝的"强"体现在很多方面。汉朝的科学、技术、医学、文化和经济，在当时世界上都处在最前沿，有些还是领先于世界的。

　　科学方面，汉朝时期的数学已经非常发达。比如《周髀算经》，这是一部著名的数学和天文学著作，它证明了"勾股定理"，确定了天文历法，解决了许多当时科学技术急需解决的问题。东汉蔡伦改进了造纸术，制成了"蔡侯纸"。东汉张衡制成了世界上第一台测验地震方位的地动仪。在东汉晚期，也出现了最早的人体解剖术。医圣张仲景和神医华佗，把汉朝的医学水平也推到了相当高的水平。另外，马王堆汉墓三号墓中出土的两幅地图，经过地学专家研究，发现这两幅地图绘制得非常精确，甚至让我们今天的学者都备感惊讶，好奇汉朝人究竟是用什么技术，可以达到对地理如此精确的掌握。

技术方面，汉朝军队中用到的"弩"也达到了非常先进的水平。弩是一种用来射箭的兵器，是军事进攻中的重要武器。汉军的弩非常先进，做工精良，以至于匈奴军队获得弩后，试图模仿，却模仿不成，这也足以证明当时汉军军事技术的先进。

文化方面，汉朝文化又叫两汉文化，是闻名世界的文化体系，也是华夏文化的核心，融合汲取了八方文化，也推动了汉民族与其他民族的交流。我们的汉语言文字对东亚和东南亚地区都产生了巨大影响。至今在日本、马来西亚、印度尼西亚、新加坡等国家，仍有很多人在说汉语、写汉字。

经济方面，汉朝建立了十分严密的户籍制度，户籍人口达到了顶峰。在农业文明时期，户籍人口就是一个国家的国力体现。因为古代打仗，有时就是为了抢夺人口，人口是垦殖土地、获得经济利益最基本的条件。史学家研究发现，公元元年前后，汉平帝时期，中国人口和户数达到了顶峰。自那以后，直到1500多年之后的明代，才超越了这个顶峰。可以想象，当时汉朝的繁荣程度，以及汉朝经济和国力有多么强盛。

任何伟大成就的背后都离不开人，强大的汉朝自然拥有一批千古称颂的名人，让汉朝的天空群星闪烁。强大的汉朝都有哪些历史名人呢？

汉朝的很多**帝王**对汉文化做出了巨大贡献。汉高祖刘邦、汉文帝刘恒，这两位帝王带来了经济的繁荣。汉武帝刘彻开疆拓土，又为汉朝带来了由富到强的转变。"昭宣中兴"指的是西汉汉昭帝和汉宣帝时代，昭宣二帝任用贤能，让国家变得更加稳定、繁荣。

汉朝的**文官**对国家的战略思想、文化思想、社会思想的推动，有着巨大贡献，比如西汉开国功臣萧何、张良、曹参，汉朝名士贾谊，与贾谊齐名的思想家陆贾等，还有大史学家司马迁、思想家桑弘羊……可以说没有这些功勋卓著的文官，就没有如此灿烂的汉文化。

汉朝的**武将**也被后世不断传唱，临危不惧的西汉开国元勋樊哙，汉朝历史上赫赫有名的大将军韩信、李广、卫青、霍去病……他们都为汉朝建立了丰功伟绩。

除了文官、武将，还有地位极其重要的**使臣**，代表着汉朝出使西域，传递使命。西汉杰出外交家苏武、丝绸之路的开拓者张骞、东汉外交家班超……他们都做出了了不起的贡献，在汉朝历史上留下了赫赫功名。

其实，不只是责任在身的汉朝使臣，汉朝人都有着傲人的风骨和饱满的精神世界，他们塑造了古老中国的民族性格。那么，当时汉朝人有着怎样的精神世界？又抱有怎样的生活态度呢？

汉朝非常注重**礼仪**和**文化**，与周边小国交往时，也很讲究礼节。因此汉朝使者到达西域后，跟大部分当地国家建立了良好稳定的关系，使之成为支持自己的力量。汉朝也十分稳定和强大，社会秩序和规则非常清晰，这样有礼有节的体制也决定了汉朝可以输出强大的力量。

忠、孝、节、义这样的**道德规范**，在汉朝教化了每一位臣民，使他们在自己的伦理位置上，奉献着自己的精神和生命。忠，就是忠于国家最高利益，对国家忠诚。孝，是规范每个人道德和行为的基本家庭观念，能做到孝，就能够做到对这个社会忠诚。节，是一个人的操守。义，是衡量一个人的道德准则，做人刚正不阿。所以汉朝的强大也是在汉朝人强大的精神世界和严格的社会准则上建立起来的，每个人都有清晰的信仰和饱满的内心世界。

那时，人们对待生活是什么态度呢？大家并不追求精致、奢华的生活，而是执着于如何**建立功名**，为国家做贡献，甚至为国捐躯。而且当时，很多能上战场的兵卒都是"良家子"，他们在条件优渥的家庭中长大，受过很好的教育，学习过儒学和其他知识。因此他们上战场后，可以利用知识和智慧，出其不意地突破重围，屡战屡胜，为汉朝征服天下。

当时的汉朝，从百姓到朝臣都具有两大优点：第一很讲**规则**，第二很**认真**。大家都兢兢业业地履行自己的职责，不做违心事，具有极高的道德修养和优良品格。因此，汉朝才得以取得如此伟大的成就。

汉朝文化为中华文化打下了强大基础，汉朝以后虽然又出现了很多朝代，但汉朝文化却一直传承到今天，足见它强大的生命力。今天，我们要如何认识并传承这份中华优秀文化呢?

我们就是传统，传统就是我们。我们一代又一代人见证了中华文化，也传承了中华文化。汉朝文化历史上曾经带来了中华民族的昌盛。所以，我们应该把它当作重要的精神资源来**发掘**，来**弘扬**，来**发展**，增强我们民族的**凝聚力**。这是我们这一代人和下一代人的功课，也是我们的责任，更是我们的未来。

中华民族之所以如此强大，就是我们的**思想**、**精神**在不断壮大，不断发展。一个民族的思想，就是一个民族的战略，也是一个民族最深厚的资源。如果一个民族没有思想，这个民族就会失去前进的方向。思想比战略武器还重要，战略武器只是一种打击手段，思想却可以长久地发挥作用，凝聚民心，凝聚力量。因此，我们需要新时代的思想家，研究我们的传统，研究我们的精神，研究我们整个民族的未来，沿着正确的方向不断前行，整个民族的未来才会越来越光明。

孔子不能为我们指出道路，老子也不能为我们指出道路，他们只能带给我们思想上的启示。文化不能从古代复制过来，思想也无法从古书中搬过来用。因此，我们需要的是既**懂传统**又**了解当前**还可以**预期未来**的思想家。他们可以把古人的思想和今天的现实结合在一起，产生新的思想，为我们指明应该走的文化路线。

强国筑梦，大师寄语

姜生　四川大学文化科技协调创新研发中心主任、教授 历史学家

　　历史学是一门很重要的学科。我们研究历史，要学习用古人的心去理解历史，学习古代思想家的思维方式。思想家就像默默站在高山顶上的人，经受寒冷、寂寞，但他很快乐，他的内心是丰满的，因为他看得更高、更远。也许你正在朝相反方向走，他会告诉你大方向在另一边，你循着那个方向，跟着他的指挥，跟着他的思想，会找到自己的方向。如果没有高山上这样的指路人，我们有时就会迷失方向。期待在你们当中，出现未来中国的思想家！

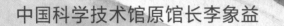中国科学技术馆原馆长李象益

如何成为一个有创造力的人？

  随着科学技术飞速发展，世界也在不断更新它的"人才库"。各行各业对人才的需求早已不再是死记硬背的知识木偶，而是具有创造力和创新思维的新人才！创造力是一种发现和开创新生事物的能力。人类世界的塑造，既要靠自然力的雕琢，又要靠人类的创造力来打造。世界闻名的大科学家们，从达尔文、爱因斯坦到牛顿，都拥有极具创造力的超强头脑。他们不但有很强的学习能力，还有极其大胆的创新思维。如今日新月异的科技成果，都与创新思维和创造力紧密相连。

  科普是一件激发人类创造力和创新思维的科学传播活动。在科技馆中，我们总能收获一些观察世界的新角度，体验到把知识变成实践的新乐趣。科普让我们从单纯的学习进入复杂的探索，让我们拥有了敢想敢做的创新能力，更进一步体验思维的乐趣。如果未来，你想按照自己的想象去创造新世界，那不妨从现在开始，培养终身学习的习惯，在科学实践中锻炼创新思维，打造我们脑海中的"未来世界"！

20世纪70年代，茅以升、钱学森等科学家意识到科普的重要性，多次呼吁建设科技馆。中国科学技术馆是我国第一座大型的全国性的科学技术馆，它是怎样建立起来的呢？为我国培养人才带来哪些变革呢？

　　在我国第一次全国科学大会上，桥梁专家茅以升、中国导弹之父钱学森等一大批老科学家们，呼吁建立国家科技馆，得到了国家领导人的全力支持。

　　在中国科学技术馆创建之初，我国专家们去海外考察了一大批科学技术博物馆，回国后就打定主意，不搞以藏品为中心的传统博物馆，而要建立一所像物理学家弗兰克·奥本海默创造的"旧金山探索馆"那样，能让参观者在参与、互动中不断探索与发现的**新型教育科技馆**，改变传统教育理念，着力培养创新思维和创新人才。

　　当时，建立中国科学技术馆的条件非常艰苦。我们就住在几个小平房里头，烧的是蜂窝煤炉子，要自己生火，下班的时候，穿的衣服上都是煤灰。但为

了从无到有地创建一座新型科技馆，打造一片新型科普教育阵地，大家都满怀着热情和激情。

开展科普工作初期，我们就确定了首先要到偏远地区去传播培养青少年科学思维或科学能力的新型理念。当时大家怀着激情，不怕苦、不怕累，先后到了内蒙古、新疆、青海、广西等地，小朋友们翻山越岭地跑来看展览。这种热情对中国科学技术馆筹建过程中的科普工作者们来说，也是极大的鼓舞。

中国科学技术馆的创建，使我国确立了要以"**科学中心**"为理念建设一系列科技馆，也为我国科普教育做出了开创性变革。

首先，在以"科学中心"为理念的科技馆中，不是简单地展示收藏品，而展品是体现科学概念的再创造，用一种科学并富有趣味的探究方法，使参观者了解到展品包含的**科学原理**，以及这些原理是如何应用在生活中的。科技馆的建立，是让公众与科技在零距离接触中理解科学。

想要建设一个现代化国家，就要大力推进和发展**新型科普教育**。这种让人边玩、边学、边思考的"科学中心"，正是培养创新人才的崭新阵地。在这里，孩子们不光能学到科学知识，还可以学到科学的思想和方法及科学的精神，从而获得在科学领域独立探索的能力，这对我国科技教育的创新具有非凡意义。

什么是卡林加科普奖？
它为什么会颁给一个中国人？

2013 年，在激烈竞争的世界舞台上，中国科学技术馆原馆长李象益获得了有"科普界诺贝尔奖"美誉的"卡林加科普奖"，这是科普界的世界最高奖项！李象益也是"卡林加科普奖"设立 60 多年以来，获得这项殊荣的第一位中国人。

"卡林加科普奖"为什么会颁给一个中国人呢？李象益接受采访时，谈起获奖原因："我获奖的根本原因，是源于我们祖国的强大！如果没有这一点，我也不可能得到这个殊荣。世界上没有任何一个国家像我国一样，对科普工作如此重视。我们有《科普法》（《中华人民共和国科学技术普及法》），有《全民科学素质行动计划纲要》，我们现在不仅仅有实体科技馆，还有数字科技馆、流动科技馆、科普大篷车，甚至农村中学科技馆……我国已经形成了有体系的全民科普建设。"

卡林加科普奖颁发给我国科学家，证明国际社会对科普教育的高度重视。因此这个奖项的颁发有很大的社会价值和社会意义，它可以推动全社会关注科普，让年轻人了解到科普是一个非常有创造性的事业，让他们热衷于投身到科普事业中来。

爱因斯坦银质奖章

科技馆本质上不是传播知识，而是让青少年们围绕展品，主动进行探索和实践，进而培养创新人才。因此参观科技馆，要注重三个方面：

第一，**注意深度学习**。去科技馆参观的重点，不只是看我们能学到多少知识，而是学会思考与提问。围着展品转一圈就走了，这只是一种浅层学习。常常看到在国外的科技馆中，三两个人围绕一个展品，带着目标深入研究，才叫深度学习。因此来到科技馆，第一就是要围绕展品，主动地进行探索和实践，比如带着学习目标，去彻底了解一个展品，了解它的由来、科学原理，并思考为什么会这样，怎样可以做得更好。

第二，注意观察。观察是一种发现的过程，是对不了解的事物、未知的科学，进行探索与思考的方式。人类正是因为具有观察能力，才得以了解未知世界，不断启发自己。因此参观科技馆时，观察也是非常重要的。

第三，注意过程。一项科技成果，你不能只知道它的结果，还要知道结果是怎么来的。比如科学家居里夫人，她发现了放射性物质镭和钋。这些伟大发现绝不是在一次实验中诞生的，而是无数次实验的结果。每一次实验，都是从不认识到认识，由错误到正确的实践过程，这个过程就在不断地帮我们思考和探索，让我们获得创新思维。通过过程教育让我们不仅了解科学知识，还能了解科学家们科学的思想和科学的方法。

参观科技馆时，要学会提问，学会思考，学会主动探索和发现，才会有更多收获。那么，有哪些中外科技馆值得去参观呢？

中国科学技术馆，我国第一个引进"科学中心"理念的科技馆，也是第一个践行了"科学中心"理念的科普教育阵地，因此它对"科学中心"理念各个方面的体现都比较深入，在展览设计上有很强的探索性和互动性。

上海科技馆，现在不但设有科技馆，还增加了改进后的自然博物馆，而且正在建设一个新的天文馆。因此，未来的上海科技馆将是三馆合一的超大型综合性科学技术博物馆集群，非常值得大家去探索。

广东科学中心，占地 45 万平方米，建筑面积 14.07 万平方米，被吉尼斯世界纪录认证为"世界最大科技中心"。馆中很多展品的理念都极具创新性，把科技、自然和艺术融为一体，是一个科技探索乐园。

美国旧金山探索馆，国外科技馆中首推弗兰克·奥本海默创建的这座科技馆。弗兰克·奥本海默提出了"改变世界的学习方式"的概念，倡导大家参与互动，掀起了教育改革的热潮。他以"主动学习"的方式，设计了500项可供互动的展品。在他的带动下，世界进入了以现代科普教育理念建设科普场馆的新时代。弗兰克·奥本海默也是现在比较流行的"创客教育"的鼻祖。创客教育是指让大家发挥自己的主观能动性，自己提出题目，并通过实践得出最后的结果。这些培育创造力的非常先进的教育理念，都是旧金山探索馆的创始人——弗兰克·奥本海默创建时留下的。

法国发现宫，这里有数学、物理、化学、生物、医学等50多个活动厅，每天都在上演着精彩的科学实验。发现宫把很多科学原理和应用，与学校的教学紧密结合起来，弥补了因科技飞速发展导致的学校教育资源不足。因此，这座科技馆也是学校教育的继续、补充和发展，秉持大教育理念，让教育更开放，步伐跟上时代。

上海科技馆

广东科学中心

美国旧金山探索馆

法国巴黎发现宫

在《全新思维》这本书中，著名"未来学家"丹尼尔·平克告诉我们，世界正处在新旧时代的交替中，我们已由"信息时代"转向了"创意时代"。在创意时代，一个人应该具备什么样的能力呢？

未来是一个创意时代，创意时代需要有创造力的人，教育也要紧跟时代。因此，我们要拥有决胜未来的六种能力。

首先，应该有设计力，有宣讲力，有交响力。设计力和宣讲力是做事的基础：一件产品不仅要实用，还要有创意；宣传一件事物，不仅要有依据，还要讲出故事来。那么，什么是交响力呢？这是一种综合能力，能够把手中掌握的无关紧要的线索联系在一起，并总结出一种新观点的创新能力。

未来的工作模式很多都是团队工作，包括科学研究，大部分是团队模式，因此我们还要有另外三种素质：共情感、趣味感和价值感。培养这三种素质，也是在培养高情商和人文情怀。

我们从青少年时代开始，就要培养自己的创新思维和创造力。科普不应是只搞简单的逻辑推理，而应是培养有诚信、有社会担当、有社会责任感、有创造力的一代新人！

魔术和科学有着密不可分的联系，很多魔术表演都是借助科学原理，加上巧妙的构思和精湛的演技，才制造出神奇的假象。那么，魔术表演也可以帮我们提升创造力和思维能力吗？

用表演魔术的方式进行科学教育，在很多国家都是很受欢迎的方式。魔术是非常受大众喜爱的一种表演形式，然而，它常常含有丰富的科学内涵，比如光学、力学、声学，甚至心理学。

举世闻名的魔术师大卫·科波菲尔，他可以把一架大飞机变没，实际上就是运用了光学原理，加上巧妙的构思，才创造了令人痴迷的神奇魔术。

魔术也经常会用到心理学中的心理诱导，比如有一个理念是"非注意盲视"，魔术师会用动作、语言，引导你关注那些他想让你关注的部分，你没有注意的地方，就会形成一个"盲区"。然而魔术的破解方法，往往正隐藏在这些"盲区"中，需要你转移注意力去认真观察。科学无处不在，就看我们是不是善于探索与发现。观看魔术表演也是一种培养观察力和探索力的过程，只有从不同角度去观察、去思考，才有可能看出魔术里真正的科学内涵。

答案：5 个红点。你注意到图上的两只手都是
6 根手指了吗？

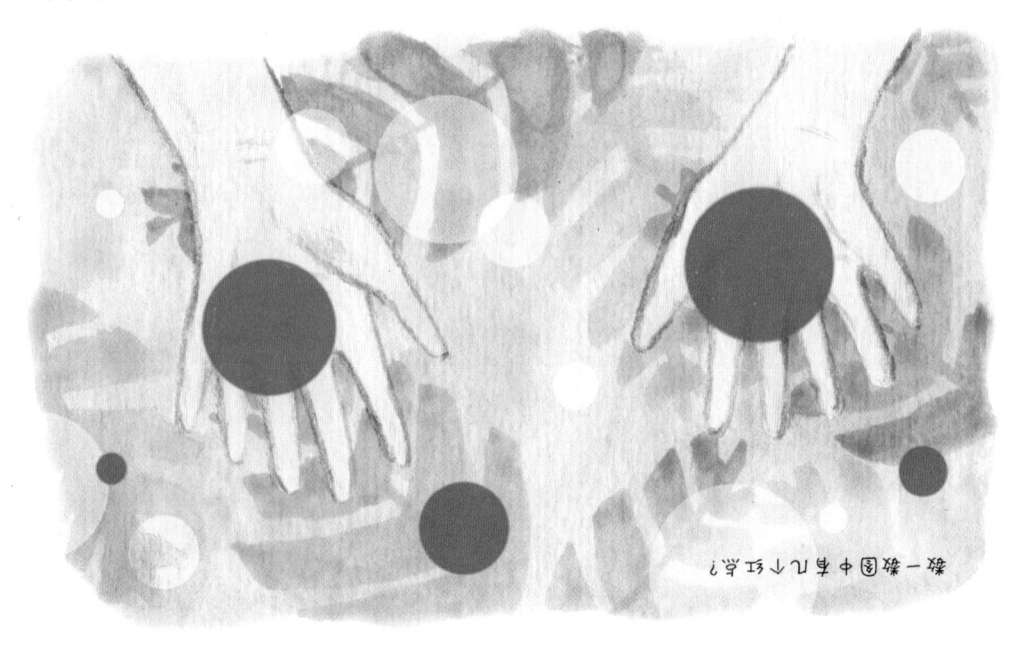

猜一猜图中有几个红点？

强国筑梦，大师寄语

李象益　　中国科学技术馆原馆长
　　　　　　联合国"卡林加科普奖"获得者

　　希望同学们平时多多参加科学实践活动，在活动中注重探索与发现，除了掌握知识，还要掌握科学的思维方法，不断激发自己的好奇心，培养想象力，激发创造力，成为有理想、有道德、有社会责任与担当，并且有创新思维和创造力的一代新人。相信现在的你们，未来将成为我国建设科技强国的支柱和栋梁！